# UI设计

主　编　邹木英　王蜜宫

副主编　吴红英　郑国强　陈忠性
　　　　刘斌茂

参　编　钟斐　万舒　林汪忠

北京理工大学出版社
BEIJING INSTITUTE OF TECHNOLOGY PRESS

## 内 容 简 介

全书共9个项目，采用大项目全流程设计的方式，再现UI设计师工作过程，从UI设计基础到规范设计一个移动端App界面，从原型绘制到界面设计、输出，全流程展示UI设计精髓。本书项目来源于闽南传统文化，贴近生活，语言风格亲切，易于被学生接受。本书通过综合案例"闽圈圈"App界面设计，对UI设计的理论知识和各种流行设计风格做了全面剖析，每个项目都有详细的制作流程详解，并且安排了相关的课后拓展练习，读者在学完项目后继续深入练习，拓展自己的创意思维，提高UI设计水平。本书项目使用Axure RP10、Adobe Photoshop CC、 Adobe Illustrator CC和Cutterman等主流UI设计软件制作。

本书适合作为职业院校UI设计与制作相关课程的教材，也可供UI设计爱好者、相关从业人员自学参考。

### 图书在版编目（CIP）数据

UI设计 / 邹木英, 王蜜宫主编. -- 北京 : 北京理
工大学出版社, 2024. 9.
ISBN 978-7-5763-4077-8

Ⅰ. TP311.1

中国国家版本馆CIP数据核字第20244LJ046号

责任编辑：钟　博　　　文案编辑：钟　博
责任校对：周瑞红　　　责任印制：施胜娟

出版发行 / 北京理工大学出版社有限责任公司
社　　址 / 北京市丰台区四合庄路6号
邮　　编 / 100070
电　　话 /（010）68914026（教材售后服务热线）
　　　　　（010）63726648（课件资源服务热线）
网　　址 / http://www.bitpress.com.cn

版 印 次 / 2024 年 9 月第 1 版第 1 次印刷
印　　刷 / 定州市新华印刷有限公司
开　　本 / 889 mm×1194 mm　1/16
印　　张 / 13
字　　数 / 312 千字
定　　价 / 90.00 元

# 前 言

## PREFACE

随着互联网和移动设备的普及，UI 设计已经成为信息时代不可或缺的一部分。它不仅是简单的界面美化，更是用户体验的桥梁，影响着我们与数字世界的互动。

本书依托福建省级职业教育在线精品课程框架，紧跟现代 UI 设计行业的发展脉搏，融合了当前最新的设计理念和技术，旨在为读者提供既符合职业技能要求，又能适应未来就业市场的学习资源。本书以用户界面设计的基本原则和实际操作为核心，分为 9 个项目，涵盖了 UI 设计的各个方面。

在内容的编排上，本书从 UI 设计的基础知识入手，逐步深入到具体的设计项目实践。每个项目都由若干具体任务构成，确保学以致用，强化理论与实践的结合。项目 1~ 项目 3 能够让读者全面理解 UI 设计基本元素、移动 UI 设计原则和规范等关键知识点。项目 4~ 项目 9 则提供实际操作的机会，使读者能够将学到的知识应用到具体的设计工作中，如绘制"闽圈圈"App 用户登录界面原型图、设计"闽圈圈"App 首页等。

本书采用校企合作模式开发，以"三教"改革理念为指导，充分融合企业实际需求，按照"以项目为导向，以任务为驱动"的学习模式，通过讲解、实操、演练一体化的教学模式，使读者不仅能够掌握 UI 设计的理论基础，还能够了解行业最新动态和就业趋势。本书案例丰富，以闽南传统文化为背景，设计了多个真实案例，让读者在学习的同时感受传统文化的魅力。在学习完本书后，读者将具备根据企业需求进行专业 UI 设计的能力。

本书由邹木英、王蜜宫担任主编，吴红英、郑国强、陈忠性、刘斌茂担任副主编，钟斐、万舒、林汪忠等人参与编写，最终审核由游金水、邹木英、林汪忠完成。

由于编者水平有限，书中难免存在不足之处，恳请广大读者提出宝贵意见，以便我们持续改进。在此对所有给予本书的编写支持和帮助的个人和机构表示衷心的感谢！

编　者

目 录
CONTENTS

# 项目 1　初识 UI 设计

UI 设计（User Interface Design）是指对软件的人机交互、操作逻辑、界面美观性的整体设计。UI 设计可以分为实体 UI 设计和软件 UI 设计，通常所说的 UI 设计一般指软件 UI 设计。UI 即 User Interface（用户界面）的英文简称。优秀的 UI 设计能够让用户在使用软件时感到舒适、便捷、愉悦，并能够提升软件的使用效率和用户体验。

## 【学习导图】

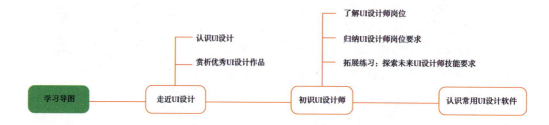

## 【学习目标】

| 知识目标 | 技能目标 | 素养目标 |
| --- | --- | --- |
| （1）掌握 UI 设计的定义、基本概念和原则；<br>（2）了解 UI 设计师的角色和技能要求；<br>（3）掌握 UI 设计的常用工具和技术；<br>（4）理解 UI 设计的重要性和影响 | （1）能够分析和评估现有应用程序或网站的 UI 设计；<br>（2）能够使用合适的工具和技术创建简单的 UI 原型；<br>（3）能够根据用户需求和反馈进行 UI 设计的改进 | （1）培养创意思维和审美能力；<br>（2）培养对用户体验的关注度和敏感度；<br>（3）提高对用户行为的分析能力和理解能力；<br>（4）培养团队协作和沟通能力 |

## 任务1 走近 UI 设计

### 【任务描述】

通过收集不同类型的 UI 作品并进行分析，初步了解 UI 设计的基本概念、原则和流程。学会如何分析和评估 App 或网站的 UI 设计，包括色彩搭配、排版布局、交互设计等方面。通过与同学、老师、企业、用户交流讨论，提高审美能力和培养创意思维，为后续深入学习 UI 设计奠定基础。

### 【任务准备】

UI 设计是用户界面设计的英文简称。UI 设计可以分为实体 UI 设计和软件 UI 设计，是硬件、软件设计的重要组成部分。UI 设计师是负责软件 UI 设计的人员，他们需要了解用户需求、掌握交互设计原则、制定设计规范等，并使用图形、色彩、排版等设计元素来创建美观、易用的软件界面。

如图 1-1-1 所示，实体 UI 设计属于工业设计范畴，实体 UI 设计主要针对实际存在的产品，例如机械设备、家用电器、数码产品等，需要对实体产品的外观、材质、操作方式等进行整体设计，以使其符合用户的使用习惯、满足用户的使用需求。

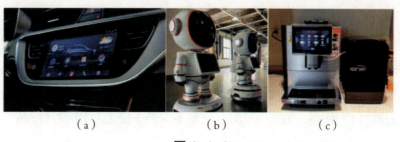

图 1-1-1

（a）汽车仪表盘;（b）智能机器人;（c）咖啡机

**例子:**

设计咖啡机时，需要考虑咖啡机的操作步骤：添加咖啡豆、加水、打开电源、选择咖啡类型、按下制作按钮等，根据这些操作步骤（图 1-1-2），可以设计一个实体 UI，如带有一个或多个按钮、指示灯的控制面板等。

图 1-1-2

在设计过程中 UI 设计师需要考虑用户的使用习惯和需求，例如用户需要能够轻松地添加咖啡豆、调整咖啡豆的数量、选择咖啡类型等。同时，还需要考虑指示灯的颜色和声音提示的音量和频率等细节，以确保用户能够轻松地了解咖啡机的状态和工作流程。

如图 1-1-3 所示，软件 UI 设计是指对软件操作系统、应用软件的用户界面进行整体设计，包括图形设计、交互设计和用户测试等方面。UI 设计师需要考虑软件的功能和特点，以及用户的使用习惯和需求，设计出符合用户心智模型的界面和操作方式，以提高软件的使用体验和效率。

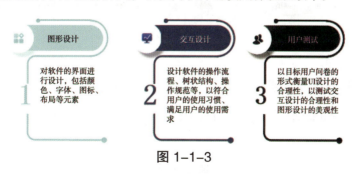

图 1-1-3

软件 UI 设计需要 UI 设计师具备一定的设计技能和人机交互、用户体验等方面的专业知识。优秀的软件 UI 设计不仅可以提高软件的使用体验和效率，还可以优化软件的品牌形象，增强其市场竞争力。

**头脑风暴:**

同学们请说一说软件 UI 设计和实体 UI 设计有哪些不同。

## 【任务实施】

### 活动 1：探寻优秀 UI 设计作品

步骤 1：如图 1-1-4 所示，通过搜索引擎搜索"68Design 设计网"，并进入"68Design 设计网"，单击"作品"栏目，选择"UI"分类，浏览、欣赏、收集不少于 3 份优秀 UI 设计作品。

图 1-1-4

步骤 2：如图 1-1-5 所示，打开百度网站，搜索"UI 设计流程"，浏览阅读相关文章，收集 UI 设计工作流程图。

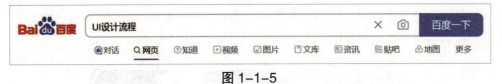

图 1-1-5

### 活动 2：优秀 UI 设计作品点评

以小组为单位，每个小组展示一件收集的优秀 UI 设计作品并进行说明，其他小组参考表 1-1-1 对 UI 设计作品进行评分。

表 1-1-1

| 项目 | 分值 | 评价标准 | 得分 |
|---|---|---|---|
| 创意性 | 25 | 创新性：作品是否具有独特和创新的设计元素，是否打破常规，引人注目。视觉效果：作品在视觉上是否具有吸引力和美感，是否与品牌形象相符。交互体验：作品是否提供流畅、自然的交互体验，是否考虑用户行为和习惯 | |

续表

| 项目 | 分值 | 评价标准 | 得分 |
|---|---|---|---|
| 实用性 | 25 | 功能完整性：作品是否具备完善的功能，满足用户的核心需求。易用性：作品是否易于理解和操作，是否提供清晰的导航和信息架构。可扩展性和适应性：作品是否具备可扩展性和适应性，以应对未来的功能增加和用户增长 | |
| 用户体验 | 25 | 响应速度：作品在各种设备上的响应速度是否快而稳定，是否考虑无障碍设计。交互反馈：作品是否提供及时、准确的交互反馈，如提示、弹窗等。情感共鸣：作品是否能引发用户的情感共鸣，提升品牌认知度和用户黏性 | |
| 细节把控 | 15 | 排版与布局：作品是否具备良好的排版和布局，文字可读性高，元素对齐准确。色彩搭配：作品是否使用合适的色彩搭配，符合品牌形象和用户喜好。图标与按钮：作品中的图标和按钮是否简洁明了，符合设计规范和用户习惯 | |
| 总结与建议 | 10 | 对作品进行总结评价，并提出针对性的改进建议或意见。总结评价准确中肯、改进建议合理可行，可得满分；总结评价偏离实际或过于简单、改进建议不合理或缺乏可行性，酌情扣分 | |
| 最终得分 | | | |

评分说明：

1. 本项评分指标累计满分为 100 分，根据作品在该指标上的表现进行评分。创意性、实用性、用户体验、细节把控四个指标的满分分别为 25 分、25 分、25 分、15 分，总结与建议指标满分为 10 分。

2. 根据每项指标的评分结果，将各项指标的得分相加得到作品的总分。

3. 总分在 80 分以上为优秀作品；总分为 60 ~ 80 分为中等作品；总分在 60 分以下为较差作品。

## 【学习复盘】

回顾分析和评价 UI 设计作品的过程以及得出的结论。

针对每个类型的 UI 设计作品，重新分析它们的特点和优劣之处。思考你在分析过程中关注了哪些方面，如色彩搭配、排版布局、交互设计等。

应用思维导图的方式梳理 UI 设计工作的主要流程和步骤。

## 【拓展练习】

选择一个特定的主题，如"环保""复古"或"未来主义"，寻找一件符合该主题的 UI 设计作品。本练习将考验主题理解和应用能力，以及创意和审美能力。

## 任务2　初识 UI 设计师

### 【任务描述】

UI 设计师是负责 UI 的人员，其工作涉及硬件、软件、网站、移动应用等各个领域的 UI 设计。为了成为适应社会需求的高素质 UI 设计师，首先应了解 UI 设计师的岗位职责和所需技能，这有助于更好地规划职业发展方向和学习目标。

### 【任务准备】

UI 设计师是指对软件的人机交互、操作逻辑、界面美观性进行整体设计工作的人员。UI 设计师的工作涉及硬件、软件、网站、移动应用等各个领域的 UI 设计。UI 设计师需要分析用户的行为和需求，并设计出符合用户心智模型和操作习惯的界面，以提高用户体验和操作效率。UI 设计师还需要与产品经理、开发工程师等团队成员进行沟通和协作，确保产品的整体质量和进度。

UI 设计师通常分为初级 UI 设计师、中级 UI 设计师、高级 UI 设计师和设计总监四个等级，见表 1-2-1。

表 1-2-1

| 初级 UI 设计师 | 中级 UI 设计师 | 高级 UI 设计师 | 设计总监 |
| --- | --- | --- | --- |
| 刚入行的从业人员，熟悉常用设计软件 Photoshop、Illustrator 等，具备图标、图形设计能力，编排能力，具有交互设计思维、沟通能力并擅长创意和策划，以及具备较强的美术功底和审美能力 | 具有 3 年以上的设计行业工作经验，具备团队协作能力，熟悉多平台设计规范及风格，能独立完成 App 界面、Web 界面、小程序界面等项目的创意设计工作 | 至少具有 3～5 年的设计行业工作经验，具有一定的专业度和影响力，有自己的工作标准和代表性作品，具备一定管理能力 | 企业内最高级别的 UI 设计师，通常需要具有 5 年以上的设计行业工作经验，拥有高水平的创意设计能力，具备较强的管理能力、运营设计能力、领导能力 |

### 【任务实施】

#### 活动：探寻 UI 设计师的岗位职责和技能要求

步骤 1：如图 1-2-1 所示，打开百度网站，搜索"UI 设计师岗位招聘"；如图 1-2-2 所示，进入招聘网站；浏览招聘岗位，了解 UI 设计师的岗位职责和技能要求，如图 1-2-3 所示。

图 1-2-1

图 1-2-2

图 1-2-3

步骤 2：分析所收集到的信息，总结 UI 设计师需要具备的技能和素质，如设计能力、创意思维、用户体验研究、沟通能力等，并填写表 1-2-2。

表 1-2-2

| 设计能力 | 创意思维 |
|---|---|
| 用户体验研究 | 沟通能力 |

步骤 3：与同学、老师交流讨论，分享对 UI 设计师的职责和所需技能的认识。通过讨论可以深化对 UI 设计的理解，并获得新的启发。

## 【学习复盘】

根据本任务的学习，结合所收集到的信息和分析结果，参考表 1-2-3，为自己制订一个学习计划，明确自己在 UI 设计方面需要学习的技能和知识。请根据实际情况调整学习时间和方法，并根据个人兴趣和职业发展方向添加或删除某些内容。

表 1-2-3

| 学习内容 | 学习目标 | 学习方法 / 途径 | 学习时间 |
| --- | --- | --- | --- |
| 设计软件操作 | | | |
| 创意思维培养 | | | |
| 用户体验研究 | | | |
| 沟通能力提升 | | | |
| 设计实践与项目经验 | | | |

## 【拓展练习】

尝试收集更多关于 UI 设计师的职责和技能的信息，思考未来 UI 设计师还需要掌握哪些技能，绘制一张未来 UI 设计师画像，如图 1-2-4 所示。

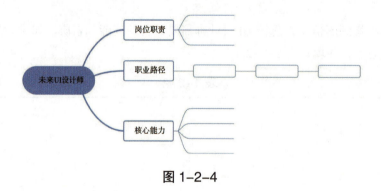

图 1-2-4

# 任务 3　认识常用 UI 设计软件

## 【任务描述】

　　了解常用 UI 设计软件，包括 Illustrator、Photoshop、Adobe XD、After Effects、Pixso、Pxcook 等。通过学习本任务，能够选择适合自己的 UI 设计软件，并了解其基本功能和特点。

## 【任务准备】

　　Photoshop、Illustrator、Adobe XD、After Effects、Pixso、Pxcook 等软件在图形设计和数字艺术领域具有广泛的应用。

### 1.Photoshop

　　Photoshop（简称 PS，图 1-3-1）是一款功能强大的图像处理软件，主要用于对照片、图像进行编辑、修饰和合成。它提供了丰富的工具和功能，包括图层、滤镜、调整颜色、修复瑕疵等。通过使用 Photoshop，设计师可以轻松地创建令人惊叹的视觉效果，满足各种设计需求。UI 设计师需要熟练掌握与 Photoshop 相关的修图处理、高级修图、图像调色、图像合成、特效创建、智能对象应用、蒙版的高级应用、GIF 动效设计等技能。

图 1-3-1

### 2.Illustrator

　　Illustrator（简称 AI，图 1-3-2）是一款矢量图形设计软件，主要用于创建和编辑矢量图形。矢量图形是由数学公式定义的路径组成的，因此可以无限放大而不失真。这使 Illustrator 成为 UI 设计师制作图标、徽标、插图等复杂图形的理想选择。UI 设计师需要熟练掌握与 Illustrator 相关的图形绘制、图形布尔运算、字体设计、图标设计、logo 设计、排版设计、2.5D 图形设计、插画设计等技能。

图 1-3-2

### 3.Adobe XD

　　Adobe XD（简称 XD，图 1-3-3）是一款进行用户体验设计的轻量级软件，专注于 UI 和用户体验设计，即 UI 设计和原型图设计以及动态交互设计。Adobe XD 与其他 Adobe 软件以及第三方插件兼容性强，可以方便地进行文件导入和导出操作，并扩展其功能。另外，可以下载各种组件，这有助于提高 UI 设计师的工作效率并丰富其创作工具集。UI 设计师需要熟练掌握与 Adobe XD 相关的矢量图形绘制、图标设计、UI 原型图快速输出、UI 设计输出等技能。

图 1-3-3

### 4.After Effects

After Effects（简称 AE，图 1-3-4）是一款动画特效软件。UI 设计师需要熟练掌握与 After Effects 相关的动画路径绘制、动画控制、合成渲染、层属性的动画编辑、多层画面合成等技能。

图 1-3-4

### 5.Pixso

Pixso 是一款国产的 UI 设计软件（图 1-3-5），由国内团队打造，专注于提供一站式 UI 设计工具。相比其他常见的 UI 设计软件，如 Illustrator、Photoshop 和 Adobe XD，Pixso 的界面设计符合国人习惯。Pixso 内置共享样式和团队组件库，使 UI 设计师可以更加方便地在团队之间共享设计资源和样式，提高团队协作效率；内置免费中文商用字体，使 UI 设计师可以更加方便地使用中文字体进行设计。Pixso 提供一站式服务，集 UI 设计、原型图设计、动态交互设计、标注和资源于一身，无须切换不同的软件即可完成整个设计流程。

图 1-3-5

### 6.Pxcook

Pxcook（像素大厨，图 1-3-6）是一款轻量、高效的切图设计工具软件。UI 设计师需要熟练掌握与 Pxcook 相关的 px 与 dp 单位转换标注、实时放大操作、自定义注释样式、自定义标注颜色、手动更改长度标注等技能。

图 1-3-6

总体来说，Photoshop、Illustrator、Adobe XD、After Effects、Pixso、Pxcook 都适用于 UI 设计中的图形图像设计、交互动画设计以及标注切图。UI 设计师在设计过程中可以根据项目需求结合不同 UI 设计软件的特点进行组合使用。

## 【任务实施】

### 活动 1：探寻 UI 设计软件

通过互联网搜索引擎，查找并了解常用的 UI 设计软件，如 Illustrator、Photoshop、Adobe XD、Pixso 等。通过官方网站或教程了解选定软件的基本操作和常用功能，例如图层管理、颜色调整、形状变换等，尽可能详细了解其功能特点、适用范围和使用频率等信息。可以尝试操作软件，感受其操作方式和特点。

### 活动 2：了解软件社区

了解相关软件的社区和资源支持情况，例如是否有丰富的插件、模板和教程可供使用。活跃的软件社区可以为学习和实践提供更多的帮助和支持。

### 活动 3：整理信息

将搜集到的信息进行整理并填写表 1–3–1，对比不同 UI 设计软件的功能特点和使用场景。也可以制作一张思维导图，以便更好地对比和记忆。

表 1–3–1

| UI 设计软件名称 | 优点 | 缺点 |
| --- | --- | --- |
|  |  |  |
|  |  |  |
|  |  |  |
|  |  |  |
|  |  |  |

根据个人需求和实际情况，判断哪款 UI 设计软件更适合自己所从事的设计工作。例如，对于移动应用界面设计，那么选择支持移动设备预览的 UI 设计软件更为合适。

## 【学习复盘】

根据本任务的学习内容，将常用 UI 设计软件信息填入图 1–3–7。

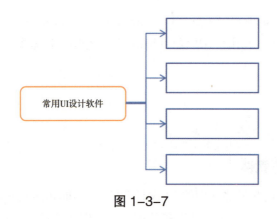

图 1-3-7

## 【拓展练习】

打开"UI 中国"网站（https://www.ui.cn/），使用站内搜索功能，搜索相关作品，并尝试使用 Pixso、Photoshop、Illustrator 完成一个简单的 UI 临摹绘制，如图 1-3-8 所示（某书城 App 页面），在设计过程中尝试使用不同的工具和技巧。

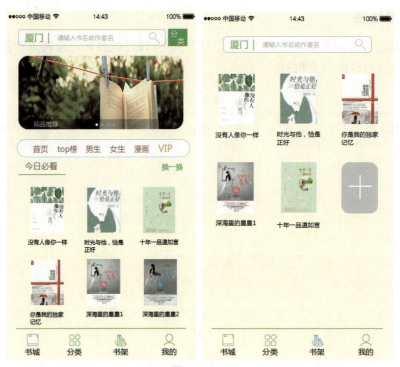

图 1-3-8

## 【项目测评】

扫码打开多元化评价表，进行项目自检，评价主体由学生、小组与教师构成。

项目一测评

# 2

# 项目 2　UI 设计基本元素

　　在 UI 设计中，存在几个关键的基本元素，包括颜色、文字、图标和图片、空间。

　　色彩是用于吸引用户注意力和传达情感的重要工具。不同的颜色可以引导用户产生不同的情绪反应，因此颜色的选择对于进行有效的 UI 设计至关重要。

　　文字在 UI 设计中用于传递信息。正确的字体选择、字号设置和排版布局可以使用户更容易地理解和接受信息。

　　图标和图片则是图形化的元素，它们可以直观地传达信息并提升用户体验。正确选择和使用图标和图片可以帮助用户快速了解所使用软件的功能。

　　空间是指界面元素的布局和组织方式。良好的空间设计可以提高用户的导航效率，使界面看起来更加整洁和有层次。

## 【学习导图】

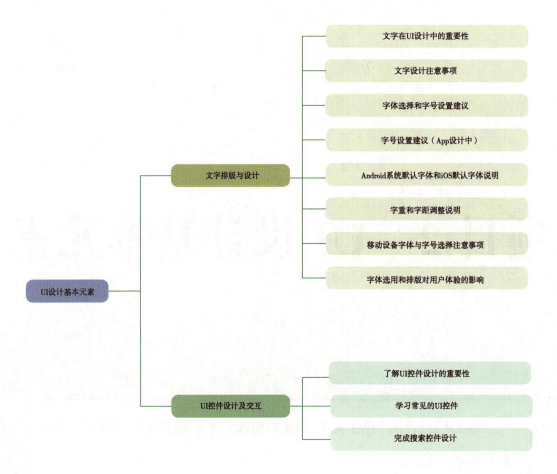

文字在UI设计中的重要性

文字设计注意事项

字体选择和字号设置建议

字号设置建议（App设计中）

Android系统默认字体和iOS默认字体说明

字重和字距调整说明

移动设备字体与字号选择注意事项

字体选用和排版对用户体验的影响

文字排版与设计

UI设计基本元素

了解UI控件设计的重要性

学习常见的UI控件

完成搜索控件设计

UI控件设计及交互

## 【学习目标】

| 知识目标 | 技能目标 | 素养目标 |
| --- | --- | --- |
| （1）掌握 UI 设计中常用的文字设计技巧，如字体、字号选择，字间距、行间距设置；<br>（2）熟悉 UI 设计中常用的控件和组件以及其交互关系，如按钮、输入框、列表等；<br>（3）了解 UI 设计中的色彩知识和配色知识 | （1）学会使用设计工具进行 UI 文字设计、控件设计、组件设计；<br>（2）能够根据项目需求进行 UI 设计，包括界面布局、色彩搭配、字体选择等；<br>（3）能够运用所学的设计原则和技巧，提高 UI 设计的美观性和易用性 | （1）培养审美能力，能够更好地把握 UI 设计的美感和风格；<br>（2）培养创新能力，能够在 UI 设计中发挥独特的创意和想法；<br>（3）培养团队协作能力，能够在团队中发挥积极作用，与团队成员共同完成项目任务；<br>（4）培养自主学习能力，能够不断更新自己的知识和技能，适应设计行业的不断变化 |

## 任务 1　文字排版与设计

### 【任务描述】

请同学们对"吉品吉食"App界面在文字使用、文字排版等方面存在的问题进行分析，如字体、字号、对齐方式不恰当等。

优化文字的可读性、易读性和美观性，确保用户能够轻松而愉快地与界面进行交互，改进UI设计的文字部分，提升用户体验和整体UI设计质量。

### 【任务准备】

文字是UI设计中不可或缺的元素之一，它起到传递信息、引导用户、提升用户体验等重要作用。优秀的文字设计可以让用户更加轻松地理解和使用应用程序，同时能够提升应用程序的品牌形象和用户体验。

在UI设计中，文字设计需要注意字体、字号、行距和字距、文字颜色、文字排版等方面。

（1）字体选择。需要结合视觉效果和用户阅读体验进行字体选择。如图2-1-1所示，常见的中文字体有微软雅黑、思源黑体、华为黑体、苹果苹方等，这些字体都是现代风格的，并且相对容易获取版权。英文字体通常使用 Arial、Helvetica、Roboto。

| | |
|---|---|
| 微软雅黑 | Arial |
| 思源黑体 | Helvetica |
| 华文黑体 | Roboto |
| 苹果苹方 | |

图 2-1-1

（2）字号选择。在 App 界面设计中标题的文字大小为 24 ~ 36 px【px 是 Pixel（像素）的缩写】，这样可以确保标题醒目和突出。正文的文字大小一般为 14 ~ 18 px，这样可以保证用户具有舒适的阅读体验。

**小贴士:**

建议将字号设置为偶数，因为偶数字号更容易进行对齐和布局，从而增强整体设计的协调性和美观性，但这并不是绝对的规则，具体还需要根据项目需求和实际情况来决定。

Android 系统默认字体如下。

中文字体：思源黑体。

英文字体：Roboto。

文字粗细：Noto CJK 有和 Roboto 匹配的 7 种文字粗细类型（Thin、Light、DemiLight、Regular、Medium、Bold 和 Black），使用和英文相同的文字粗细设置；

文字大小：从标题（Title）到说明文字（Caption）的样式，中文文字大小都比对应的英文样式大 1px。对于大于标题的样式，则使用和英文样式相同的文字大小。

iOS 系统默认字体如下。

iOS 9：中文字体为冬青黑体，英文字体为 Helvetica Neue。

iOS 10、iOS 11：中文字体为苹果苹方（Ping Fang SC Light），英文字体为 San Francisco。

从 iOS 14 开始，系统以可变字体格式提供 San Francisco 和 New York 字体。这种格式将不同的字体样式组合到一个文件中，并支持在样式之间进行插值以创建中间的样式。由于 San Francisco Pro 和 New York 是兼容的，因此可以通过多种方式将排版对比度和多样性整合到 iOS 界面中，同时保持一致的外观和感觉。例如，使用这两种字体有助于创建更强的视觉层次结构或突出显示内容中的语义差异。

文字大小规范如下。

导航栏标题：32 ～ 36 px。

标题文字：30 ～ 32 px。

内容区域文字：24 ～ 28 px。

辅助性文字：20 ～ 24 px。

（3）行高设置。行高原则上需大于或等于文字本身的高度（例如，如果字号为 16，行高也应该设置为 16）。这样可以保证文本的易读性和美观性。

（4）字重选择。字重是指文字笔画的粗细。在 UI 设计中，常用的字重有常规（Regular）和中黑体（Medium）两种。常规适用于正文等文字内容，而中黑体则适用于标题等需要突出层级展示的内容。

（5）字距设置。字距过大会导致文字过于分散，影响阅读体验；字距过小会导致文字过于紧凑，难以辨认。因此，字距应该根据字体的特点和用户的阅读习惯进行合理调整，以保证文字的易读性和美观性。

## 小贴士：

具体的字号设置还需要根据实际的设计需求和目标用户群体进行调整。例如，目标用户群体主要是老年人时，需要考虑增大字号以提高可读性。良好的字体选用和排版可以提升用户的阅读体验，帮助用户更好地理解和操作界面。因此，在选择字体和设置字号时，需要兼顾美观性、易读性和品牌形象等多个因素。

## 【任务实施】

步骤 1：使用 Photoshop，打开"吉品吉食首页 .psd"文件，分析该设计中字体方案存在的问题，如图 2-1-2 所示。

步骤 2：根据所学的字体应用知识，选择合适的字体。可以从常见的字体类型中选择，也可以根据需要进行自定义设计。在选择字体时，需要考虑字体的风格、可读性以及与目标用户群体的匹配度，如图 2-1-3 所示。

微软雅黑　Arial
思源黑体　Helvetica
苹果苹方　Roboto
12px 14px 16px 18px 24px 36px

图 2-1-2　　　　　　　　　　　图 2-1-3

　　步骤 3：根据文字的重要性和用户的阅读习惯调整字号。一般来说，标题和主要信息的字号应该相对较大，而正文和其他辅助信息的字号可以适当减小，如图 2-1-4 所示。

图 2-1-4

　　步骤 4：进行颜色搭配。可以选择常见的黑色和白色作为文字颜色，也可以根据设计需求选择其他颜色，还可以通过设置文字的阴影、描边等效果来增强文字的视觉冲击力，如图 2-1-5 所示。

图 2-1-5

步骤5：进行排版布局。可以考虑采用左对齐、居中对齐或右对齐等方式进行排版，同时需要注意文字的间距以及段落之间的分隔。可以使用常见的排版工具进行排版布局的调整，如图 2-1-6 所示。

步骤6：在完成排版布局后，进行预览和调整。可以通过预览功能查看实际效果，并根据需要进行调整和优化，如图 2-1-7 所示。

图 2-1-6

图 2-1-7

## 【学习复盘】

思考进行优化的原因，根据提交的文字设计方案，阐述字体、字号、颜色、样式等详细信息，以及排版和布局的建议。

## 【拓展练习】

为一个旅游网站撰写一个响应式网页的文字设计方案。该网站的目标是提供旅游景点的介绍、图片展示、用户评论等功能，目标用户群体包括年轻人和商务人士。

任务要求如下。

（1）选择合适的字体和字号，以适应不同的屏幕尺寸和分辨率。

（2）确定文字的颜色和样式，以符合旅游网站的氛围和品牌形象。

（3）考虑文字的排版和布局，以符合用户的阅读习惯和操作习惯。

（4）文字设计方案需要适应不同的屏幕尺寸和分辨率，以确保在不同设备上的显示效果。

（5）提交文字设计方案，包括字体、字号、颜色、样式等详细信息，以及排版和布局的建议。

# 任务2　UI 控件设计及交互

## 【任务描述】

使用 Photoshop 设计旅游 App 搜索框控件。搜索框控件需要提供用户输入旅游目的地、选择日期和输入预算等信息的功能。

## 【任务准备】

UI 控件是 App 界面的重要元素之一，包括按钮、输入框、下拉菜单、滑块、开关等。UI 控件的设计需要考虑易用性、可读性、美观性等因素，以确保用户可以轻松地操作和使用。

如图 2-2-1 所示，常见的 UI 控件如下。

图 2-2-1

（1）按钮：用于触发操作或提交表单，需要有清晰的文字和图标。

（2）多选框：允许用户在多个选项中选择若干选项。

（3）单选框：允许用户从多个选项中选择一个选项。

（4）输入框：用于用户输入信息，需要提供明确的提示和验证，以及适当的文本格式。

（5）下拉菜单：用于展示多个选项，需要提供清晰的选项分类和搜索功能。

（6）开关：用于切换开关状态，需要提供易于操作的按钮和清晰的指示。

（7）滑块：用于调整数值大小，需要提供易于操作的滑块和清晰的刻度。

（8）列表框：用于显示一个项目列表，用户可以从中选择一个或多个选项。

## 【任务实施】

步骤 1：打开 Illustrator 软件，选择"文件"菜单中的"新建"选项，然后设置画布的宽度为 750 px 像素，高度为 334 px，背景颜色为白色，如图 2-2-2 所示。

步骤 2：使用"圆角矩形工具"绘制一个圆角矩形，设置其宽度为 500 px，高度为 45 px，圆角半径为 5 px，如图 2-2-3 所示。设置填充颜色为 #E8DED8。

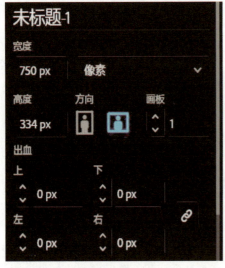

图 2-2-2

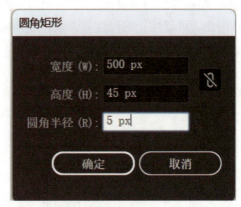

图 2-2-3

步骤 3：选择"效果"菜单中的"风格化"选项，然后选择"内发光"效果。在弹出的"内发光"对话框中，设置"模式"为"正常"，不透明度为 75%，模糊为 5 px，如图 2-2-4 所示。设置阴影颜色为深灰色 #4B4742。

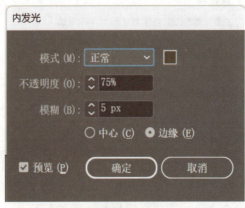

图 2-2-4

步骤 4：使用"横排文字工具"在圆角矩形左侧分别输入"请输入目的地""请选择日期""请输入预算"文字，设置字体为微软雅黑，文字大小为 24 px，颜色为深灰色 #4B4742，如图 2-2-5 所示。

**图 2-2-5**

步骤 5：在"符号库"中找到"放大镜"图形，拖拽到圆角矩形右侧，双击"放大镜"图形，将填充颜色设置为深灰色 #4B4742，如图 2-2-6 所示。

**图 2-2-6**

步骤 6：使用"移动工具"将目的地、日期和预算的文字以及"放大镜"图形放置在搜索框控件中间，调整好位置和大小，如图 2-2-7 所示。

请输入目的地　请选择日期　请输入预算 🔍

**图 2-2-7**

步骤 7：保存设计结果。选择"文件"菜单中的"保存"选项，将文件保存为"控件 .ai"。

## 【学习复盘】

_____控件是 App 界面中常见的元素之一，它提供了一个可以点击的按钮，通过点击可以触发相应的操作或提交表单。一个好的_____控件应该具有清晰的文字和图标，以及良好的点击感。

_____控件是一种可以输入文本的控件，它提供了一个文本框供用户输入信息。_____控件应该提供明确的提示和验证，以帮助用户正确地输入信息。同时，_____控件还应该提供适当的文本格式和长度限制，以满足用户的需求。

_____控件是一种展示多个选项的控件，它通常以列表或下拉菜单的形式出现。_____控件应该具有清晰的选项分类和搜索功能，以便用户可以方便地查找和选择自己需要的选项。同时，_____控件还应该具有较好的响应性，以满足用户的需求。

_____控件是一种可以调整数值大小的控件，它通常以滑块的形式出现。_____控件是一种可以切换开关状态的控件，它通常以开关按钮的形式出现。_____控件应该具有易于操作的按钮和清晰的指示，以便用户方便地切换开关状态。同时，_____控件还应该具有较好的响应性，以满足用户的需求。

## 【拓展练习】

为 App 界面设计一个美观、易用的开关控件。开关控件需要提供开启和关闭的切换功能，外观要简洁明了，符合整体 UI 设计风格；交互方式要符合用户的操作习惯，提供明确的反馈；用户体验要流畅，满足用户的需求和期望。

## 【项目测评】

扫码打开多元化评价表，进行项目自检，评价主体由学生、小组与教师构成。

项目二测评

# 项目 3　移动 UI 设计原则和规范

**3**

了解移动 UI 设计的规范和原则，包括布局、导航、交互及配色等方面的设计要求。通过实践操作，能够根据移动设备的特点和用户需求，设计出符合规范的移动 UI。

# 【学习导图】

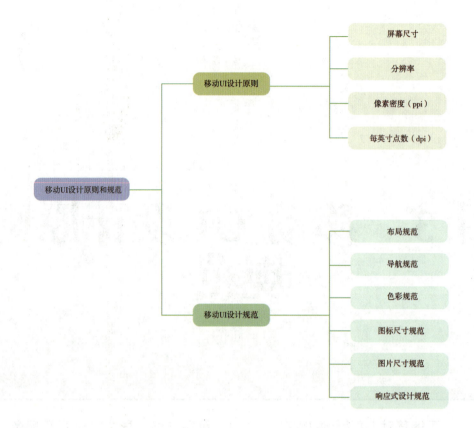

移动UI设计原则和规范
- 移动UI设计原则
  - 屏幕尺寸
  - 分辨率
  - 像素密度（ppi）
  - 每英寸点数（dpi）
- 移动UI设计规范
  - 布局规范
  - 导航规范
  - 色彩规范
  - 图标尺寸规范
  - 图片尺寸规范
  - 响应式设计规范

# 【学习目标】

| 知识目标 | 技能目标 | 素养目标 |
| --- | --- | --- |
| （1）了解移动 UI 设计原则，包括一致性、简洁性、反馈性等；<br>（2）了解移动 UI 设计规范，包括布局、导航、控件、图标、颜色和字体等方面的规范；<br>（3）了解不同移动平台的 UI 设计差异和要求，如 iOS 和 Android 系统的 UI 设计规范 | （1）能够运用一致性、直观性、可用性和可访问性等原则进行移动 UI 设计；<br>（2）能够运用移动 UI 设计规范进行实际 UI 设计，包括合理的布局、清晰的导航、易于操作的控件、恰当的图标、统一的颜色和字体等；<br>（3）了解不同移动平台的 UI 设计适配规格 | （1）遵循移动 UI 设计规范，提高团队协作能力；<br>（2）始终将用户需求和用户体验放在首位，以用户为中心进行设计思考和决策；<br>（3）提升自主学习能力，主动学习新的移动 UI 设计规范和技巧 |

## 任务 1　移动 UI 设计原则

### 【任务描述】

　　移动 UI 设计就是移动端设备的图形用户界面设计，狭义上是指手机和 PC 的 UI 设计，广义上可以推广至手机、移动电视、车载系统、手持游戏机、MP4 播放器、GPS 等一切手持移动设备的 UI 设计。移动端设备屏幕尺寸非常多，碎片化严重，因此应了解屏幕尺寸、分辨率和像素密度之间的关系。

### 【任务准备】

#### 1. 屏幕（主屏）尺寸

　　手机[①] 的尺寸代表手机屏幕的对角线长度。英寸（in）和厘米（cm）的换算公式是 1 英寸 =2.54 厘米。例如 iphone13 标准版的屏幕尺寸是 6.1 英寸的，也可以理解为 13.15 厘米 ×6.42 厘米（图 3-1-1）。屏幕尺寸和移动 UI 设计其实关系不大，主要用于计算屏幕密度的。

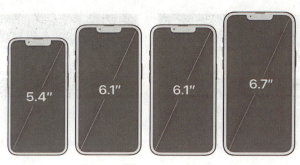

图 3-1-1

#### 2. 分辨率

　　分辨率（图 3-1-2）是指手机屏幕的像素点数，例如 750 px×1 334 px 的屏幕，就是由 750 行、1 334 列的像素点组成的。

图 3-1-2

---

① 本书以手机为移动端设备的代表进行讲解。

### 3. 像素密度（ppi）

像素密度是指每英寸屏幕所具有的像素数，这里的英寸是对角线长度的单位，像素密度即在一个对角线长度为 1 英寸的正方形内的像素数，如图 3-1-3 所示。

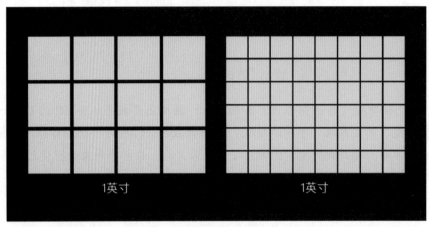

图 3-1-3

### 4. 每英寸点数（dpi）

每英寸点数是测量空间点密度的单位，它表示每英寸能打印的墨滴数量，如图 3-1-4 所示。

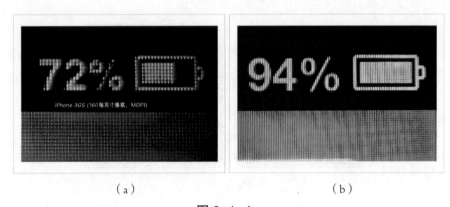

（a）　　　　　　　　　　　（b）

图 3-1-4

（a）IPhone 3GS（160dpi，mdpi）；（b）IPhone 4（326dpi，xhdpi）

dp：Android 系统开发专用单位，以 160 dpi 屏幕为基准，称之为一倍图。1 dp=1 px（计算公式: dp × dpi / 160 = px）。

sp：Android 系统开发专用字体单位。以 160 dpi 屏幕为标注，则 1 sp=1 px（计算公式: sp × dpi / 160 = px）相关单位和度量见表 3-1-1。

表 3-1-1　相关单位和度量

| 名称 | 分辨率 /（px × px） | dpi | 像素比 | 示例 /dp | 对应像素 /px |
| --- | --- | --- | --- | --- | --- |
| xxxhdpi | 2 160 × 3 840 | 640 | 4.0 | 48 | 192 |
| xxhdpi | 1 080 × 1 920 | 480 | 3.0 | 48 | 144 |
| xhdpi | 720 × 1 280 | 320 | 2.0 | 48 | 96 |
| hdpi | 480 × 800 | 240 | 1.5 | 48 | 72 |
| mdpi | 320 × 480 | 160 | 1.0 | 48 | 48 |

## 【任务实施】

步骤 1：使用搜索引擎搜索 "iPhone 界面尺寸规范" 相关资料或进入苹果公司 iOS 人机交互指南网站，搜索 iPhone 6 ～ iPhone 15 等不同机型的界面尺寸，并填写表 3-1-2。

表 3-1-2

| 设备 | 分辨率 | ppi | 状态栏高度 | 导航栏高度 | 标签栏高度 |
| --- | --- | --- | --- | --- | --- |
|  |  |  |  |  |  |
|  |  |  |  |  |  |
|  |  |  |  |  |  |
|  |  |  |  |  |  |

步骤 2：使用搜索引擎搜索华为手机、小米手机近 5 年销售冠军产品参数，或进入 Android 开发者官网了解主流 Android 手机界面的分辨率和尺寸，并填写表 3-1-3。

表 3-1-3

| 设备 | 分辨率 | 尺寸 |
| --- | --- | --- |
|  |  |  |
|  |  |  |
|  |  |  |
|  |  |  |

## 【学习复盘】

在计算机显示领域，将像素单位 px 转换为磅数单位 pt 的公式为_____。

如果设备的分辨率为 320 dpi，那么 1dp 等于_____px。

将 dp 转换为 px 的公式为_____。

在印刷领域，将像素单位 px 转换为磅数单位 pt 的公式为_____。

## 【拓展练习】

请解释什么是 dpi 和 ppi，并说明它们在移动 UI 设计中的作用。

**任务 2　移动 UI 设计规范**

## 【任务描述】

　　移动 UI 设计规范是 UI 设计师进行移动 UI 设计时应遵循的规则和准则。移动 UI 设计规范通常包括视觉设计、交互设计、用户体验等方面的要求，旨在确保设计出符合用户需求、易于理解和操作的界面，并保持界面的一致性和美感。

## 【任务准备】

### 1. 布局规范

　　布局规范包括栅格系统、间距、对齐方式等内容，用于确定界面元素的排列和组织方式。

1）栅格系统

　　栅格系统是一种规范化信息布局的设计工具，它通过划分页面为相同大小、间距的小格子来辅助 UI 设计师组织信息，实现界面整齐、统一，提高布局设计效率，增强可读性和易用性，如图 3-2-1 所示。

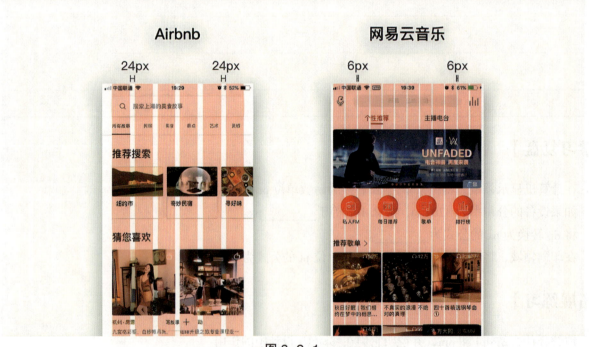

图 3-2-1

2）间距

　　间距是指界面元素之间的距离，包括元素的垂直间距和水平间距。合理的间距可以使界面看起来更加舒适、自然，同时可以提升用户的阅读体验，如图 3-2-2 所示。

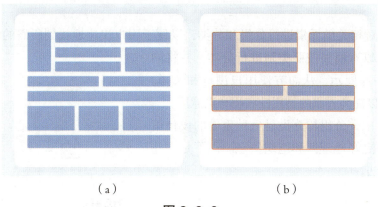

（a）　　　　　　　　　　　　（b）

图 3-2-2

（a）间距混乱；（b）间距规范

行高与字距建议

在 App 界面设计中，间距的标准主要有以下几个方面。

（1）元素的常见间距：8 px、10 px、12 px 等。

（2）卡片的常见间距：20 px、24 px、30 px、40 px 等。

3）对齐方式

对齐方式是指界面元素在水平或垂直方向上的对齐方式，包括左对齐、右对齐、居中对齐以及两端对齐等。

（1）左对齐：这是最常见的对齐方式，也是人眼阅读最适应的方式。在设计中，如果内容有明确的开始点和结束点，那么左对齐是最佳的选择。左对齐可以让用户的视线流畅地从上一行移到下一行，提升用户的阅读体验。同时，左对齐可以很好地配合图标进行设计，使整体视觉效果更加统一，如图 3-2-3 所示。

（2）右对齐：右对齐与左对齐相反，可以让用户的视线从右向左移动。这种对齐方式通常用于强调某些重要的信息，或者用于设计一些具有特殊视觉效果的界面，如图 3-2-4 所示。

| 公司全称：上海派X软件股份有限公司 |
| 成立时间：2008-07-31 |
| 公司规模：50~150人 |
| 公司网址：http://www.pxraview.cn |

图 3-2-3

专题　作者　活动

图 3-2-4

（3）居中对齐：居中对齐可以让内容更加突出，让用户更加关注。在移动 UI 设计中，居中对齐通常用于标题、按钮等重要的元素，以增强这些元素的视觉效果，如图 3-2-5 所示。

（4）两端对齐：两端对齐是指每一行的文字都以左、右两个边界为基准进行对齐，这种对齐方式可以使文字看起来更加整齐、正式。但是，两端对齐也可能导致字距过大或者过小，影响阅读体验，如图 3-2-6 所示。

315之后，电子烟未断燃

今天 08：37

图 3-2-5

本文为专栏作者授权创业邦发表，版权归原作者所有。文章系作者个人观点，不代表创业邦立场，转载请联系原作者。如有任何疑问，请联系example@example.com

图 3-2-6

4）分组与分类

分组与分类是指对相关的元素进行分组和分类，以便于用户快速地找到所需的信息。例如，在一个电商应用程序中，可以对商品按照类别进行分类，并将同一类别的商品放在一起展示，从而方便用户浏览和选择。合理的分组与分类可以提高界面的易用性和用户满意度。

图 3-2-7

在 App 界面设计中，分组与分类是一种重要的设计策略，它可以帮助用户更好地理解和组织信息。以下是一些常见的分组与分类方法。

（1）卡片式分组。

卡片式分组是将相关信息组织在一个卡片中，每个卡片代表一个独立的分组。这种方式适用于内容较多、需要分块的场景，例如电商产品列表、新闻列表等。每个卡片可以包含图像、标题、描述等元素，以吸引用户的注意力并传达关键信息，如图 3-2-7 所示。

（2）网格系统分类。

网络系统分类是使用网格系统将内容划分为不同的区域或块，每个区域代表一个分类。这种方式适用于内容结构较为固定、分类明确的场景，例如应用程序的导航菜单、设置选项等。通过网格系统的使用，可以保持布局的一致性和整齐性，如图 3-2-8 所示。

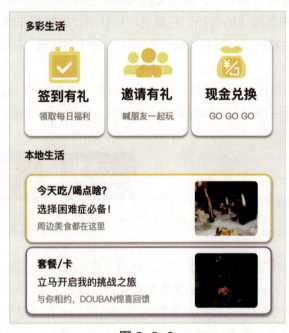

图 3-2-8

（3）颜色与样式区分。

颜色与样式区分是使用不同的颜色和样式来区分不同的分组或分类。例如，可以使用不同的背景色、字体样式或图标来表示不同的状态或类别。这种方式可以在视觉上快速传达信息，并帮助用户进行快速识别，如图 3-2-9 所示。

图 3-2-9

（4）列表式分类。

列表式分类是将信息以列表的形式展示，每个列表项代表一个分类。这种方式适用于信息结构较为简单、分类较少的场景，例如待办事项列表、菜单列表等。通过清晰的列表结构，用户可以快速浏览和理解信息，如图 3-2-10 所示。

（5）层级结构分组。

层级结构分组是通过建立信息的层级结构来进行分组和分类。主要信息位于顶部或核心位置，次要信息位于下一层级或相关位置。这种方式适用于信息存在明确的主次关系或层级关系的场景，例如导航菜单、网页目录等。通过层级结构的运用，用户可以更加清晰地了解信息的组织和关系，如图 3-2-11 所示。

图 3-2-10　　　　　　　　　　　　　图 3-2-11

5）重点突出与信息层次

重点突出与信息层次是指通过颜色、字体、字号等手段突出重要信息，并建立信息层次结构，使用户能够快速获取所需信息。例如，在一个应用程序中，可以通过不同的颜色和字号来区分标题、正文和辅助信息，从而建立清晰的信息层次结构。

进行分组与分类设计

在 App 界面设计中，突出重点与信息层次是非常重要的，它们可以帮助用户更加快速、准确地获取所需信息。以下是一些常见的方法。

（1）对比与强调。

可以通过使用不同的颜色、字体、字号等将重要的信息与其他内容区分开来。例如，可以使用较大的字号、醒目的颜色或特殊的图标来强调重要的按钮、标题或信息，如图 3-2-12 所示。

（2）使用图标与标签。

可以通过使用图标和标签来代表特定的信息或功能，从而帮助用户更加快速地理解和识别内容。例如，可以使用一个购物车图标表示购物功能，或者使用一个心形图标表示收藏功能，如图 3-2-13 所示。

图 3-2-12　　　　　　　　　　图 3-2-13

需要注意的是，突出重点与信息层次的设计应该根据用户的认知习惯和使用场景进行优化。UI 设计师可以通过用户测试、A/B 测试等方式来了解用户的反馈和需求，从而不断完善和优化设计。

**2. 导航规范**

导航规范包括底部导航栏、侧边栏、标签栏等用于提供用户导航和浏览界面功能的规范。

1）底部导航栏规范尺寸示例如图 3-2-14 所示。

（1）图标尺寸：底部导航栏的图标尺寸通常为 23 ～ 32 px，这个尺寸既能够保持图标的清晰度，又不会占用过多屏幕空间。

（2）文字尺寸：底部导航栏的文字尺寸通常为 13 ～ 16 px，这个尺寸可以保证文字的可读性，同时不会过于突出。

（3）应用场景：底部导航栏适用于需要用户频繁切换页面的应用程序，如社交应用程序、电商应用程序等。在这些应用程序中，底部导航栏可以帮助用户快速访问主要的功能和页面，提高应用程序的使用效率。

图 3-2-14

2）侧边栏规范尺寸示例如图 3-2-15 所示。

（1）触发区域尺寸：侧边栏的触发区域尺寸通常为 43 ~ 56 px，这个尺寸可以保证用户能够轻松地触发侧边栏以进行打开和关闭操作。

（2）内容布局尺寸：侧边栏的内容布局应该根据具体的应用需求进行设计，但通常应该保持足够的空间来展示相关的操作选项和信息。

（3）应用场景：侧边栏适用于需要展示较多操作选项或信息的应用程序，如设置菜单、工具箱等。在这些应用程序中，侧边栏可以提供更加灵活和便捷的导航方式，帮助用户快速找到所需的内容。

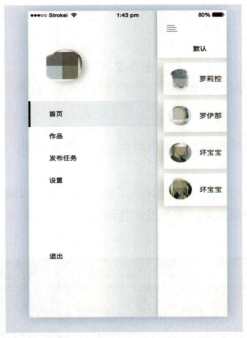

图 3-2-15

3）动画效果规范示例如图 3-2-16 所示。

（1）加载动画：当应用程序加载数据时，应该有明显的加载动画，以提示用户正在加载数据。加载动画可以使用进度条、旋转图标等形式。

（2）切换动画：当用户切换页面或执行某些操作时，应该有流畅的切换动画，以帮助用户理解当前的操作和页面变化。切换动画可以使用渐变、滑动等形式。

（3）反馈动画：当用户执行某些操作或完成某些任务时，应该有明显的反馈动画，以提示用户操作已完成或任务已完成。反馈动画可以使用弹出提示、颜色变化等形式。

图 3-2-16

4）手势操作规范示例如图 3-2-17 所示。

（1）导航手势：应用程序应该提供简单的导航手势，如滑动切换页面、双击返回顶部等，以方便用户快速浏览和操作应用程序。

（2）功能手势：应用程序可以提供一些特殊的手势操作来实现某些功能，如长按某个元素进行编辑、双指缩放滑动图片等。这些手势操作应该符合用户的直觉和使用习惯。

（3）误操作手势：应用程序应该有误操作手势处理机制，如当用户误触某个元素时，应用程序可以提供撤销或重新操作的选项，以避免用户的误操作造成不必要的损失。

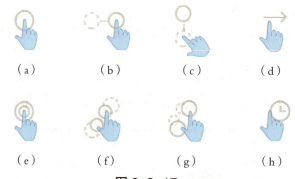

图 3-2-17

（a）点击;（b）拖拽;（c）快速拖拽;（d）滑动;（e）双击;（f）捏;（g）扩展;（h）长按

### 3. 颜色规范

颜色规范包括用于传达品牌形象和界面风格的主色调、辅助色调、文字颜色等的规范，如图 3-2-18 所示。

在进行 App 界面设计之前，UI 设计师需要深入了解颜色规范，以确保设计的视觉效果与品牌形象和界面风格保持一致。颜色规范中最重要的部分是主色调、辅助色调和文字颜色的选择与应用，而这些都离不开色彩理论的基础知识。

图 3-2-18

1）色彩理论之三原色

三原色是红、绿、蓝（RGB），如图 3-2-19 所示，它们是所有颜色的基础。通过调整这三种颜色的亮度和混合比例，可以得到任何颜色。了解三原色的性质和相互作用对于选择合适的主色调和辅助色调至关重要。

图 3-2-19

2）主色调规范

（1）选择：主色调应该基于品牌的核心价值和特点，利用三原色理论结合色彩心理进行选择。例如，选择红色作为主色调可以传达活力、激情和紧迫感，而蓝色则代表稳重、专业和信任。

（2）应用：主色调应该被应用在应用程序的各个界面中，包括启动页、导航栏、按钮等，以保证界面的统一性和识别度。UI 设计师可以通过调整主色调的亮度和饱和度来创造不同的视觉效果。

3）辅助色调规范

（1）选择：辅助色调的选择应该考虑与主色调的协调性。在三原色理论中，可以选择主色调的补色或相邻色作为辅助色调，以形成对比或和谐的视觉效果。例如，如果主色调是红色，则辅助色调可以选择绿色或蓝色。

（2）应用：辅助色调可以应用在界面的背景、分割线、提示信息等位置，以帮助用户更好地理解和操作应用程序。同时，要注意避免辅助色调过于突出，以免干扰主色调的传达。

4）文字颜色规范

（1）选择：文字颜色的选择应该保证文字的可读性和清晰度。在三原色理论中，可以选择与背景色形成对比的颜色作为文字颜色。例如，在深色背景上使用浅色文字，在浅色背景上使用深色文字。

（2）应用：文字颜色应该应用在界面的标题、正文、提示信息等位置，以帮助用户更好地理解和操作应用程序。同时，要注意文字颜色与背景色的对比度，确保对比度达到 4.5 ∶ 1 以上。

色彩知识拓展

UI 设计师在实际应用中，还可以结合色彩心理学知识，更好地理解颜色对用户情感和行为的影响。例如，暖色调（如红、黄）通常与积极、活泼的情绪相关，而冷色调（如蓝、绿）则更容易传达冷静、专业的氛围。

**4. 图标尺寸规范**

（1）导航栏图标：导航栏图标通常较小，常用的尺寸为 24 px × 24 px 或 32 px × 32 px。导航栏图标需要在有限的空间内清晰地传达其功能，因此应保持简洁、易识别。

（2）功能图标：功能图标通常用于应用程序的主要功能或操作，例如"主页""搜索"等。功能图标的尺寸通常为 48 px × 48 px 或 64 px × 64 px。功能图标需要具有明确的语义，以便用户可以轻松地理解和使用相关功能。

（3）工具栏图标：工具栏图标通常用于辅助功能或操作，例如"设置""编辑"等。工具栏图标的尺寸可以稍小一些，常用的尺寸为 32 px × 32 px 或 40 px × 40 px。工具栏图标需要在视觉上与其他图标有所区别，以保持整体的层次感。

图标知识拓展　　　　安卓、iOS常见图标与设计尺寸

**5. 图片尺寸规范**

在设计 App 界面时需要考虑不同屏幕尺寸的适配问题。为了确保图片在不同设备上显示清晰，需要提供不同尺寸的图片资源，以确保在不同设备上的显示效果最佳。

常用图片类型与参考规范尺寸如下。

（1）封面图：用于展示 App 的首页或重要页面，通常需要较大的尺寸以吸引用户的注意力。常见的封面图尺寸为 750 px × 420 px 或 1 080 px × 608 px。

（2）缩略图：用于以列表或网格展示多个图片的场景，需要较小的尺寸以节省空间并提高加载速度。常见的缩略图尺寸为 100 px × 100 px 或 150 px × 150 px。

（3）背景图：用于页面的背景装饰，可以根据具体需求选择适当的尺寸和比例。常见的背景图尺寸为 1 920 px × 1 080 px 或更大，以适应不同屏幕尺寸和设备类型。

**6. 响应式设计（适配不同的设备类型）规范**

不同的设备类型具有不同的交互方式，如触摸、键盘、触控笔等。考虑到横屏和竖屏模式，UI 设计师需要提供横屏和竖屏两种模式的 UI 设计。横屏模式适用于平板电脑和桌面设备，可以提供更宽敞的工作区域；竖屏模式适用于手机和手持设备，可以更好地适应手持使用。

常见响应式设计规范尺寸如下。

（1）手机（320 ~ 480 px 宽度）：适配小屏手机，如 iPhone SE；重要内容应优先显示，采用单列布局；导航简洁明了，减少滚动需求。

（2）平板（768 ~ 1 024 px 宽度）：适配常见平板电脑，如 iPad；可采用多列布局展示更多信息，提供侧边导航或抽屉式菜单以方便操作。

（3）桌面（1 200 px 宽度）：适配大型桌面设备；提供更丰富的功能和多任务处理能力；可考虑使用响应式表格、可调整宽度的布局等以适应不同屏幕尺寸。

需要注意的是，规范尺寸只是一个参考范围，实际设计时应根据具体需求和设备特性进行适当调整。此外，为了获得最佳效果，建议使用实际设备或设备模拟器进行预览和测试，以确保设计的准确性和适应性。

## 【任务实施】

步骤 1：确定移动 UI 设计规范。首先，了解 Android 系统和 iOS 的 UI 设计规范是非常重要的。可以查阅官方的设计指南，如 Android 系统的 Material Design 和 iOS 的人机界面指南（Human Interface Guidelines），如图 3-2-20 所示。

图 3-2-20

步骤 2：打开素材包，将"吉品吉食首页优化版 .psd"（可自行选择其他素材文件）拖拽至 Pxcook，创建名为"测量"的 iOS 本地项目，如图 3-2-21 所示。

图 3-2-21

步骤 3：单击工具栏中的"智能标注"按钮 ，对页面中的元素进行标注测量，如图 3-2-22 所示。

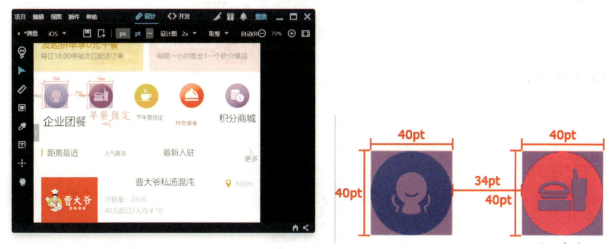

图 3-2-22

步骤 4：与教师一起进行标注测量（前期教师需要向学生解释如何进行标注测量），包括测量元素之间的距离、边距、字号、颜色等。鼓励学生仔细观察设计细节，并记录观察结果。

步骤 5：分析和讨论。在完成标注测量后，组织一个小组讨论会，分享观察结果并分析。讨论移动 UI 设计规范的重要性以及如何将移动 UI 规范应用到实际的设计中。

## 【学习复盘】

填写表 3-2-1。

表 3-2-1

| 规范 / 标准 | Android 系统 | iOS |
| --- | --- | --- |
| 尺寸及分辨率 | | |
| 状态栏（status bar） | | |
| 导航栏（navigation） | | |
| 主菜单栏（submenu） | | |
| 内容区域（content） | | |
| 图标（icon） | | |
| 字号 | | |
| 颜色 | | |
| 边距和间距 | | |
| 字体 | | |
| 交互方式 | | |

## 【拓展练习】

请将本项目所学的移动 UI 设计规范整理成思维导图并与同学分享。

## 【项目测评】

扫码打开多元化评价表，进行项目自检，评价主体由学生、小组与教师构成。

项目三测评

# 4

# 项目 4　原型图绘制

　　在 App 界面设计中，原型是设计想法的表达方式，它帮助 UI 设计师展现设计，以及模拟真实的使用场景。原型图绘制是 UI 设计师项目开发过程中不可或缺的一个环节，在确保产品质量、提高开发效率、降低风险、促进沟通和提升用户体验方面都具有重要意义。简单来说，原型图就是一款产品成型之前的简单的框架，即展现页面的排版布局和每个功能键的交互方式，对产品的初步构思进行可视化的展示。

## 【学习导图】

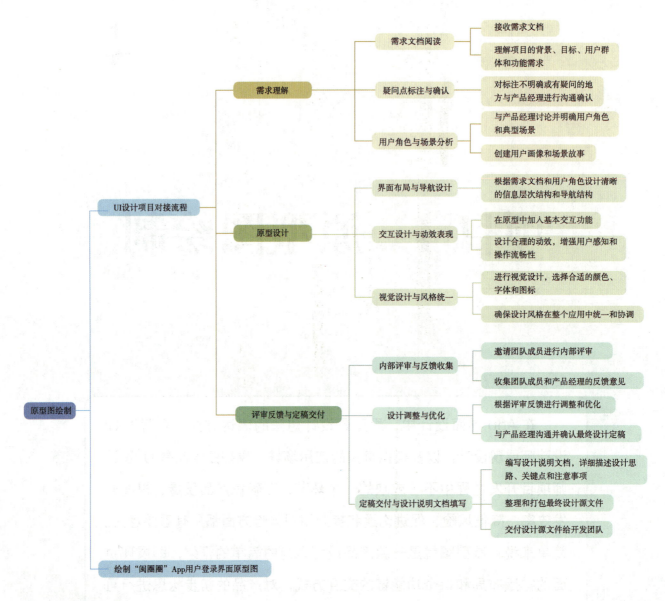

## 【学习目标】

| 知识目标 | 技能目标 | 素养目标 |
|---|---|---|
| （1）理解原型设计的基本概念及其在 App 开发流程中的作用；<br>（2）熟悉用户研究和用户体验设计的基本原理和方法，能够将用户需求转化为可执行的原型设计方案；<br>（3）熟悉 Sketch、Figma、Adobe XD 等主流工具的特点和使用方法 | （1）能够根据产品需求和用户研究结果，设计出符合用户体验原则的界面和交互方案；<br>（2）根据产品需求，能够使用工具绘制线框图，明确界面布局和核心元素；<br>（3）能够进行原型评审和迭代，接受反馈并进行相应的修改和优化 | （1）培养以用户为中心的设计思维，始终将用户需求和体验放在首位，确保设计出的原型真正满足用户需求；<br>（2）具备良好的沟通能力和团队合作精神，能够与产品经理、开发人员和其他 UI 设计师紧密合作，共同推动产品的开发和改进；<br>（3）感受闽南传统建筑风格的魅力，传承"红色"精神 |

# 任务 1　UI 设计项目对接流程

## 【任务描述】

在 App 开发过程中，根据 App 开发规范，产品经理会与 UI 设计师、前端工程师、开发工程师等召开项目说明会，明确开发内容、开发进度、对接流程等。该环节是确保 UI 设计质量和准确性的关键环节，是 UI 设计项目开发前必不可少的。

## 【任务准备】

UI 设计项目对接流程包括以下几个关键步骤：需求理解、原型设计、评审反馈和定稿交付。通过规范化的流程，UI 设计师能够确保与产品经理的顺畅沟通，准确理解需求，并通过原型设计将产品需求转化为可视化界面。

## 【任务实施】

分组预备：角色扮演模拟——教师模拟产品经理；助教模拟程序开发人员；学生根据团队进行分组，模拟 UI 设计师。

（1）步骤 1：深入了解需求。

打开 https://www.kdocs.cn/l/cgt5qkaw4T0i，详细阅读"闽圈圈"App 产品需求文档，理解产品的核心功能、目标用户群、业务逻辑和关键流程。

（2）步骤 2：召开项目启动会议。

①面对面沟通：与产品经理进行深入的面对面沟通，确保对产品的目标、核心功能及设计预期有共同的理解。

②讨论设计需求：详细讨论产品的设计需求，包括界面风格、用户体验、交互逻辑等，确保对需求有全面的理解。

③明确设计方向：根据产品需求和目标，共同明确设计的方向和大体思路。

④确定时间节点：与产品经理协商并明确设计的关键时间节点，如设计初稿提交时间、评审时间等。

⑤记录会议内容：对会议讨论的重点内容进行记录，确保后续工作有明确的指导。

（3）步骤 3：迭代设计与评审反馈。

①提交设计草案：根据会议讨论的设计方向和时间节点，制作并提交设计草案给产品经理。

②收集反馈意见：与产品经理进行深入沟通，收集其对设计草案的反馈意见。

③进行针对性修改：根据产品经理的反馈意见，对设计草案进行针对性的修改和调整。

④持续沟通与跟进：在设计修改过程中，与产品经理保持持续的沟通，确保设计方向始终与产品需求保持一致。

⑤定稿与交付：经过多次迭代和评审后，与产品经理共同确认设计定稿，并进行交付。

UI 设计项目对接流程具体内容见表 4-1-1。

表 4-1-1

| 序号 | 任务 / 活动 | UI 设计师 | 产品经理 | 备注 |
|---|---|---|---|---|
| 1 | 阅读需求文档和查阅原型初稿 | √ / × | √ / × | 对需求的理解程度、是否有疑问等 |
| 2 | 参加项目启动会议 | √ / × | √ / × | 对会议讨论内容的理解、是否有补充等 |
| 3 | 制作设计草案并提交 | √ / × | | 设计草案的完成度和质量等 |
| 4 | 收集反馈意见并进行修改 | | √ / × | 对反馈意见的理解、修改的效果等 |
| 5 | 与产品经理持续沟通 | √ / × | √ / × | 沟通的频率、效果等 |
| 6 | 设计定稿与交付 | √ / × | | 定稿的质量、是否符合产品需求等 |
| 7 | 整体体验与收获 | | | 对整个模拟过程的体验和感受、学习到的知识点等 |

说明：完成模拟后，根据自身情况打钩（√）或叉（×），并在"备注"栏中填写相关说明或感受。

## 【学习复盘】

UI 设计项目对接的基本流程包括＿＿＿＿＿、＿＿＿＿＿、＿＿＿＿＿和持续跟进等环节。提前与＿＿＿＿＿和＿＿＿＿＿进行有效沟通，可以确保 UI 设计工作顺利进行。

## 【拓展练习】

结合企业工作岗位和职责划分，扮演不同的角色参与项目交流，从不同的角色学会站在不同的角度思考问题。

## 任务 2　绘制"闽圈圈"App 用户登录界面原型图

## 【任务描述】

在 App 开发过程中，产品经理起着至关重要的作用。产品经理的一个重要职责就是在 App 开发之前进行原型设计。原型设计的主要目的是表达和展示产品设计的想法、功能设定以及流程逻辑，协助创建 App 的线框图、流程图、原型和规格说明文档。

# 【任务准备】

常用原型设计软件如下。

## 1.Axure

Axure 是一款功能强大的快速原型设计工具，广泛应用于网页原型设计，如所图 4-2-1 示。它提供了丰富的交互组件和动态效果，可以帮助 UI 设计师快速创建交互式原型。Axure 还具有强大的逻辑功能，可以实现复杂的交互逻辑和进行数据动态展示。此外，Axure 还支持协作和共享，方便团队合作和项目交付。

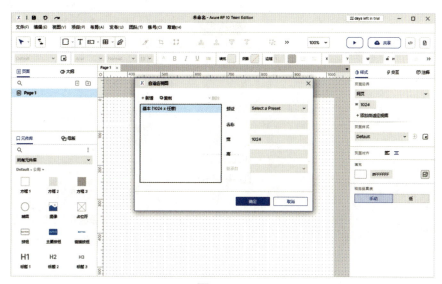

图 4-2-1

## 2.Sketch

Sketch 是一款轻量易用的矢量设计工具，广泛应用于 Mac 平台上的 UI 设计，如图 4-2-2 所示。它提供了丰富的矢量绘图工具和预设组件，可以帮助 UI 设计师快速制作高质量的 UI。Sketch 还支持自定义组件和符号，可以提高工作效率并保持设计的一致性。此外，Sketch 还具有强大的导出功能，可以方便地将设计文件交付开发人员。

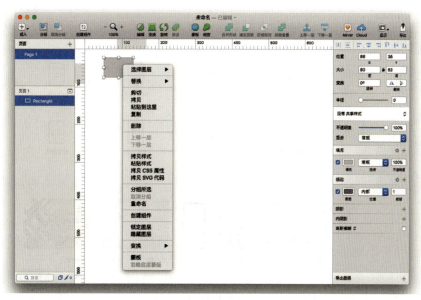

图 4-2-2

### 3. 国产利器：墨刀

墨刀是一款国产的在线协同办公平台，集原型设计、线上版 Sketch 设计师工具、流程图、思维导图为一体，支持项目团队实时协作和管理，以及进行私有化部署，如图 4-2-3 所示。

图 4-2-3

## 【任务实施】

### 活动 1：创建新项目——闽圈圈

步骤 1：搜索并进入墨刀官网，单击右上角的"注册"按钮，按照提示填写相关信息完成注册。注册完成后，使用刚刚注册的账号和密码登录墨刀。

步骤 2：单击主界面右上角的 ▣ 新建 按钮。

步骤 3：选择"移动端"→"App"场景；单击"创建"按钮，进入空白画布，如图 4-2-4、图 4-2-5 所示。

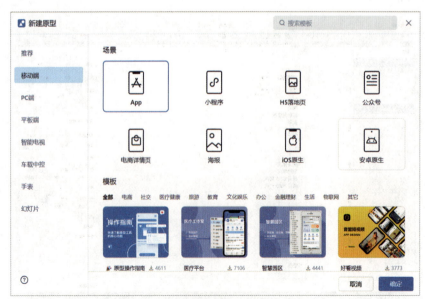

图 4-2-4

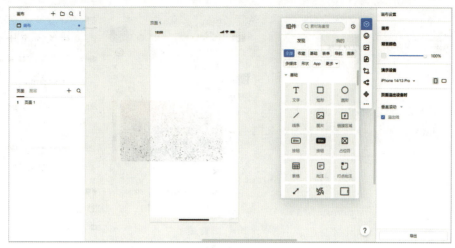

图 4-2-5

## 活动 2：设计登录页面布局

步骤 1：设置背景色。在工具栏中，选择背景色为 #F5F5F5（淡灰色），如图 4-2-6 所示。

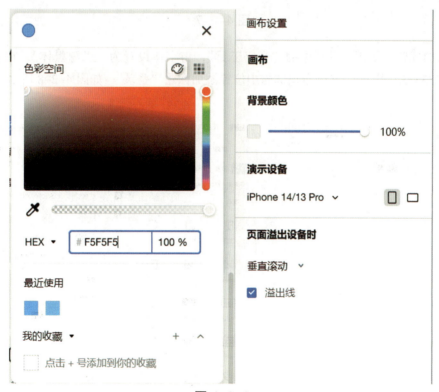

图 4-2-6

步骤 2：选择工具栏中的"矩形工具"，将其拖拽到画布上，绘制一个与画布尺寸相同的矩形，并将其填充为背景色，如图 4-2-7 所示。

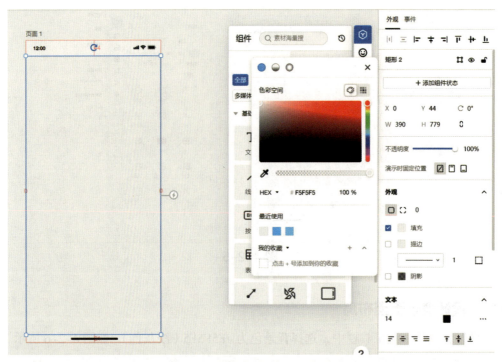

图 4-2-7

步骤 3：添加标题。使用工具栏中的"文字工具"，将字体设置为"思源黑体"，将字号设置为 24，将颜色设置为 #333333（黑色）。在画布顶部居中位置添加标题"登录"，如图 4-2-8 所示。

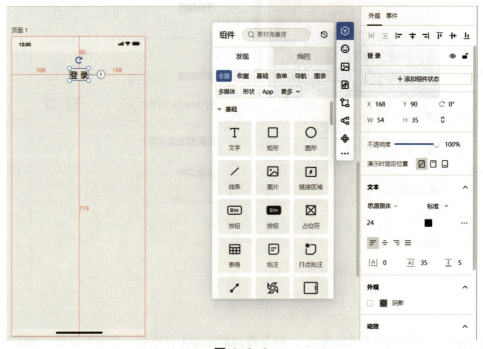

图 4-2-8

步骤 4：添加单行输入框。选择工具栏中的单行输入框组件。在画布中部上方添加一个单行输入框，尺寸为 300 px × 50 px，用于输入用户名。设置边框颜色为 #CCCCCC（浅灰色），文字颜色为 #999999（灰色），并修改默认提示词为"请输入用户名"，如图 4-2-9 所示。

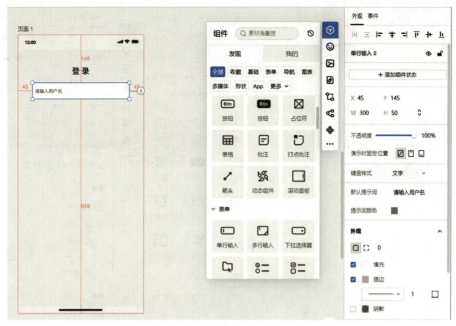

图 4-2-9

步骤 5：添加一个相同尺寸的文本框用于输入密码，设置边框颜色为 #CCCCCC（浅灰色），文字颜色为 #999999（灰色），并修改默认提示词为"请输入密码"，"键盘样式"为"密码"。在两个输入框之间设置垂直间距为 20 px，如图 4-2-10 所示。

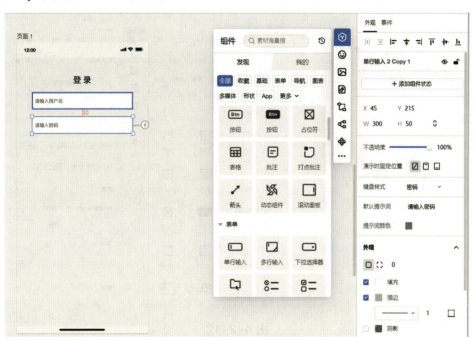

图 4-2-10

步骤 6：添加"登录"按钮。选择工具栏中的按钮组件。在输入框下方添加一个尺寸为 200 px × 50 px 的"登录"按钮。设置按钮背景色为 #4CAF50（绿色），文字颜色为 #FFFFFF（白色），字号为 20，文字内容为"登录"，如图 4-2-11 所示。

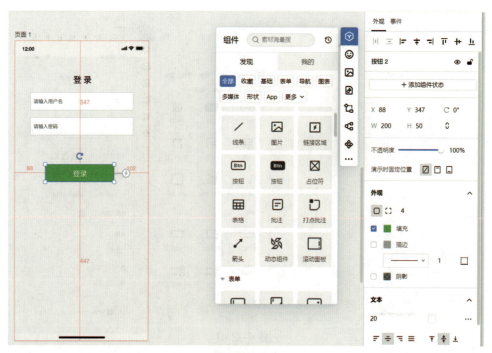

图 4-2-11

步骤 7：添加"忘记密码"链接（可选）。使用工具栏中的"文字工具"，设置字体为"黑体"，字号为 16，颜色为 #999999（灰色）。在"登录"按钮下方添加一行文字"忘记密码？"，如图 4-2-12 所示。

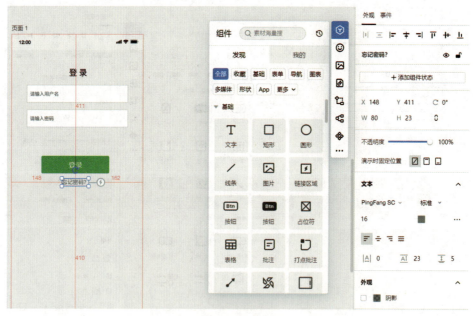

图 4-2-12

### 活动 3：添加交互效果到"登录"按钮

步骤 1：在组件库中搜索"弹窗"，选择 WeUI 弹窗组件，并拖拽到用户名、密码输入框上层，如图 4-2-13 所示。

步骤 2：双击弹窗对应文字，修改为"提示""用户名或密码错误"，如图 4-2-14 所示。

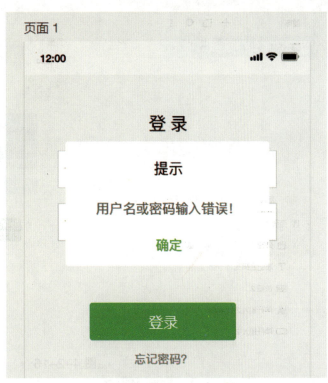

图 4-2-13                                   图 4-2-14

步骤 3：选择弹窗组件，进入"事件"配置器，单击"添加事件"按钮，配置事件"单击"，"行为"选择"显示 / 隐藏"，"目标元素"选择"弹窗"，效果为"隐藏"，如图 4-2-15 所示。

图 4-2-15

步骤 4：选择"图层工具"，选择"弹窗"文件夹，将其设置为隐藏，如图 4-2-16 所示。

图 4-2-16

步骤 5：选择"登录"按钮，进入"事件"配置器，单击"添加事件"按钮，配置事件"单击"，"行为"选择"显示 / 隐藏"，"目标元素"选择"弹窗"，效果为"显示"，如图 4-2-17 所示。

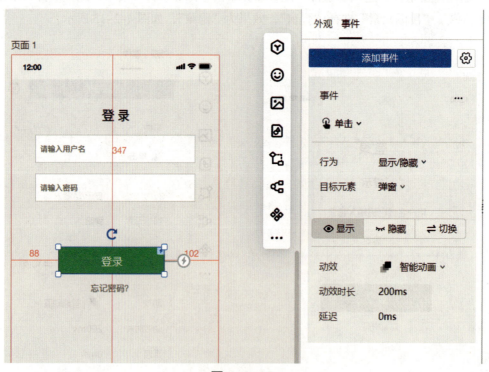

图 4-2-17

### 活动 4：预览与调整

步骤 1：单击右上角"预览"按钮查看设计效果。注意观察输入框和"登录"按钮的反馈效果是否明显且符合预期，单击"登录"按钮，测试是否弹出"用户名或密码错误"提示框，如图 4-2-18 所示。

图 4-2-18

步骤 2：根据预览效果进行调整和优化。可以修改组件的样式、位置和大小，以提升用户体验和美观度。确保输入框和"登录"按钮易于点击和识别。调整各个组件的对齐和间距，使其更加整齐和舒适。可以使用工具栏中的对齐和间距工具进行精确调整。

## 【学习复盘】

常用的原型设计软件有：_____。
原型设计软件可以协助用户创建 App 或 Web 网站的_____、_____、_____和规格说明文档。

## 【拓展练习】

（1）参考图 4-2-19 所示的用户登录界面，优化"闽圈圈"App 登录界面原型（第三方图标素材文件可以进入 https://www.iconfont.cn/ 下载）。

图 4-2-19

（2）根据需求文档绘制"闽圈圈"App 的其他界面原型图。

## 【项目测评】

扫码打开多元化评价表，进行项目自检，评价主体由学生、小组与教师构成。

**项目四测评**

# 项目 5　App 首页设计

5

　　App 首页是用户打开应用程序后首先看到的界面，它是整个应用程序中最重要的界面。它不仅承载着产品最核心的功能，决定了产品的属性和基调，还体现了产品的"骨骼"，即产品架构，方便用户快速进入对应的需求模块。此外，App 首页还扮演着展示企业或产品形象的角色，可以强化品牌在用户心中的认知度。

## 【学习导图】

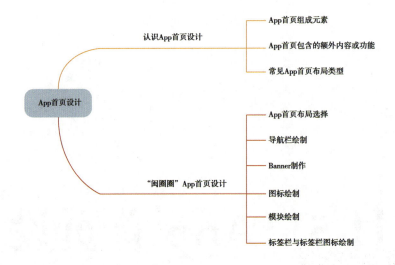

App首页设计

认识App首页设计
- App首页组成元素
- App首页包含的额外内容或功能
- 常见App首页布局类型

"闽圈圈"App首页设计
- App首页布局选择
- 导航栏绘制
- Banner制作
- 图标绘制
- 模块绘制
- 标签栏与标签栏图标绘制

## 【学习目标】

| 知识目标 | 技能目标 | 素养目标 |
| --- | --- | --- |
| （1）理解 App 首页设计的基本概念、重要性和在用户体验中的作用；<br>（2）了解不同 App 首页的设计特点和风格，理解用户需求和行为，运用合适的设计技巧和工具进行 App 首页设计；<br>（3）掌握 App 首页设计的基本元素和原则，了解用户行为和心理以更好地进行用户体验设计 | （1）能够独立完成 App 首页设计，并具备初步构思的能力；<br>（2）熟练应用相关设计工具进行优化，确保 App 首页设计的高质量和高效性；<br>（3）能够根据用户需求和产品定位，设计出符合品牌形象和用户体验的 App 首页，包括布局、色彩、图标、文字等方面的设计 | （1）提升对用户体验和 UI 设计的重视程度，强化批判性思维，能够从多个角度评价 App 首页设计；<br>（2）培养创新意识和关注细节的态度，追求卓越的设计品质；<br>（3）培养团队合作精神，能够有效与其他 UI 设计师和开发人员进行沟通和协作 |

## 任务 1　认识 App 首页设计

## 【任务描述】

　　本任务学习 App 首页设计的基本概念和原则，并探索不同类型的 App 首页布局适用场景。通过了解不同类型的 App 首页设计，可以更好地满足用户需求，突出产品特点和品牌形象，并提高产品的使用率和收益。

## 【任务准备】

在 UI 设计中，应遵循简洁明了、符合用户需求、差异化和响应式设计等原则，以确保良好的用户体验和用户满意度，提升产品的用户体验和用户留存率。

App 首页通常包括状态栏、导航栏、内容区和标签栏等组成元素。需要以合理的方式安排和展示这些元素，以便用户可以快速找到需要的信息或功能。一些特定的 App 首页还可能包含一些额外的内容或功能，如授权弹窗、下拉刷新、广告位、导航、加载、扫一扫、搜索、地址定位和模块入口等。

常见 App 首页布局类型如下。

### 1. 平台导流型 App 首页

平台导流型 App 首页采用宫格布局，精简核心功能，这种布局可以在一屏内为用户呈现更多的入口，引导用户快速进入二级界面以便起到分流作用，例如支付宝、微信服务、"去哪儿"等 App 的首页，如图 5-1-1 所示。

图 5-1-1

### 宫格设计要点

宫格设计能够将不同的内容或功能明确地划分到不同的区块中，使用户可以直观地看到各个入口，方便用户快速查询和选择。然而，宫格设计也存在以下不足之处：灵活性不足，宫格设计的布局比较固定，对于需要灵活调整的内容或功能可能不太适应；空间利用率低，每个格子的大小是固定的，如果内容过多或者过少，可能导致空间利用不充分或者浪费。

### 2. 消费内容型 App 首页

在设计消费内容型 App 首页时，可以借鉴那些产品内容形态相似且允许用户在 App 首页无限加载内容的案例，例如采用瀑布流或 Feed 流等布局方式。这样的设计可以为用户提供丰富的内容体验，从而增强用户的黏性和活跃度。例如，抖音商城和京东、淘宝等 App 便是成功运用此类设计的典范，如图 5-1-2 所示。

图 5-1-2

### 3. 即时通信型 App 首页

即时通信型 App 首页通常采用列表展示方式，这种方式基于统一的信息样式和自上而下的浏览方式，能够帮助用户快速过滤信息，提高处理效率。在这种布局中，最新的消息框始终位于最上方，这符合用户的潜在认知习惯。如图 5-1-3 所示，微信、短信等 App 都采用了这种设计，使用户能够便捷地获取和管理最新的通信信息。这种设计方式不仅直观易用，还有助于提升用户体验和满意度。

图 5-1-3

#### 4. 地图导航型 App 首页

地图导航型 App 首页设计具有鲜明的特点。首先，首页的 70% ～ 90% 的空间被用于展示地图和用户的当前位置，这体现了地图导航功能的核心地位。其以用户需求和功能实用性为主导，通过简洁明了的 UI 设计和突出的核心功能操作，为用户提供高效、便捷的体验。例如，在滴滴打车、高德地图和百度地图等 App 中，用户可以轻松找到并操作核心功能，如输入目的地、选择出行方式等。这些设计确保了用户在使用过程中能够快速、准确地完成关键操作，提升了用户体验和效率，如图 5-1-4 所示。

图 5-1-4

不同类型 App 首页布局对比见表 5-1-1。

表 5-1-1　不同类型 App 首页布局对比

| 类型 | 优点 | 缺点 |
| --- | --- | --- |
| 平台导流型 App 首页<br>（宫格布局） | （1）直观呈现多个入口；<br>（2）快速导航至二级界面 | （1）信息展示有限；<br>（2）主次不分明，不易定位 |
| 消费内容型 App 首页<br>（瀑布流、Feed 流布局） | （1）提供丰富的内容；<br>（2）增强用户黏性和活跃度 | （1）加载性能要求较高；<br>（2）容易导致信息过载 |
| 即时通信型 App 首页<br>（列表布局） | （1）采用统一的信息样式，浏览高效；<br>（2）符合用户潜在认知 | （1）布局形式相对单一；<br>（2）屏幕空间利用可能不充分 |
| 地图导航型 App 首页<br>（以地图为主导的布局） | （1）直观展示当前位置；<br>（2）凸显核心功能 | （1）其他辅助信息呈现受限；<br>（2）设计难度较高 |

## 【任务实施】

步骤 1：分析"闽圈圈"App 用户需求。研究目标用户的需求和使用习惯，了解他们对 App 首页的期望和偏好。

步骤 2：选定 App 首页布局类型。基于 App 的定位和目标用户，选择一个合适的 App 首页布局类型。例如，对于内容消费型的 App，可能选择瀑布流或 Feed 流布局。

步骤 3:设计手绘草图原型。根据选定的 App 首页布局类型，设计手绘草图原型。确保遵循简洁明了、符合用户需求、差异化和响应式设计等原则。

步骤 4：用户测试。将手绘草图原型提交到学习平台，采用投票、问答等方式，收集同学、老师的反馈，并根据反馈进行优化。

## 【学习复盘】

（1）下列属于消费内容型 App 首页布局特点的是（　　）。

A. 直观呈现多个入口

B. 采用统一的信息样式，浏览高效

C. 首页 70% ~ 90% 的空间用于展示地图和当前位置

D. 提供丰富的内容，增强用户黏性和活跃度

（2）在地图导航 App 首页设计中，首要考虑的布局元素是（　　）。

A. 列表

B. 地图

C. 宫格

D. Feed 流

（3）简要描述平台导流型 App 首页的优、缺点。

（4）在设计消费内容型 App 首页时，如何提高用户体验并避免信息过载？

## 【拓展练习】

分析竞品首页设计：选择几个与"闽圈圈"App 定位相似的竞品（例如"去哪儿""飞猪"），分析它们的首页设计，提炼优、缺点，为自己的设计提供参考。

## 任务 2  "闽圈圈" App 首页设计

### 【任务描述】

本任务是为"闽圈圈"App 设计一款直观、用户友好且符合品牌形象的首页。"闽圈圈"App 是一款致力于推广闽南文化的研学旅游平台，因此，其首页设计应充分展现闽南特色，同时确保用户体验流畅。

打开"闽圈圈"App 产品原型文件，参考图 5-2-1 所示需求进行设计。

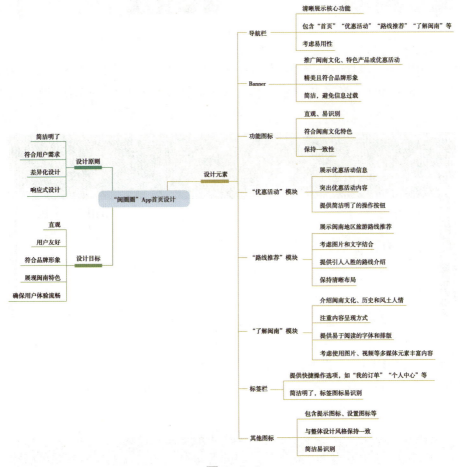

图 5-2-1

### 【任务实施】

#### 活动 1：制作导航栏

步骤 1：打开用户登录界面文件，删除一键登录、注册界面画板，将界面中的无用元素删除，将画板重命名为"3-1 首页"，选择"文件"→"储存为"选项，将文件名称修改为"3 首页"，如图 5-2-2 所示。

图 5-2-2

步骤 2：导入绘制好的"地址"图标，调整大小为 40 px×40 px，使用"文本工具"，输入"厦门市"，将字体设置为思源黑体 Regular，文字大小为 28 px，文字颜色为 #303030，与图标间距 16 px，如图 5-2-3 所示。

图 5-2-3

步骤 3：使用"多边形工具"，设置边数为 3，宽 × 高为 12 px×8 px，填充色为 #8e8e8e，与文字间距为 16 px。使用"圆角矩形工具"，新建一个宽 × 高为 520 px×64 px 的圆角矩形，圆角半径为 32 px，填充色为 #f7f7f7，靠左对齐，如图 5-2-4 所示。

图 5-2-4

步骤 4：导入"搜索"图标，添加混合选项——颜色叠加，颜色为 #d4d4d4，放置于圆角矩形之内右边，调整大小为 24 px，与圆角矩形间距为 24 px。使用"文本工具"，输入"请输入关键字搜索"，字体为思源黑体 Regular，文字颜色为 #d1d1d1，文字大小为 24 px，如图 5-2-5 所示。

图 5-2-5

步骤 5：选择导航栏中所有元素图层，按"Ctrl+G"组合键合并图层，重命名为"导航栏"，如图 5-2-6 所示。

图 5-2-6

## 活动 2：制作 Banner

步骤 1：使用"圆角矩形工具"，新建一个宽 × 高为 702 px×300 px，圆角半径为 24 px 的圆角矩形，填充色为 #77cff3，与搜索框间距为 24 px。导入插画素材，按住"Ctrl+T"组合键，调整大小为 452 px×236 px，与右边距间距为 8 px，如图 5-2-7 所示。

步骤 2：使用"文本工具"，输入文字"研学旅行"，字体为华康海报体 W12（P），文字大小为 56 px，文字间距为 120 px，文字填充色为 #ed6535。添加混合选项——描边，描边颜色为白色，"位置"选择"外部"，大小为 4 px，与圆角矩形间距为 60 px。

使用"文本工具"，输入文字"读万卷书·行万里路"，放置于文字"研学旅行"下方，间距为 24 px，如图 5-2-8 所示。

图 5-2-7　　　　　　　　　　　　　图 5-2-8

步骤 3：选择当前 Banner 的全部元素，按"Ctrl+G"组合键合并图层，重命名为"Banner"。

### 活动 3：绘制图标

步骤 1：新建参考线。选择"视图"→"新建参考线"选项，在"新建参考线"对话框中单击"垂直"单选按钮，在"位置"框中输入"375"，如图 5-2-9 所示。

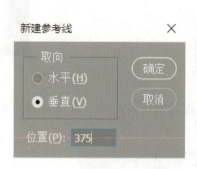

图 5-2-9

步骤 2：使用"矩形工具"，新建一个宽度为 187.5 px 的矩形，与画板居左对齐，拉出一条垂直参考线，如图 5-2-10 所示。

步骤 3：选择矩形，往右平移至中间，与中间参考线居左对齐，继续拉出一条参考线，如图 5-2-11 所示。

图 5-2-10                     图 5-2-11

步骤 4：删除矩形。使用"椭圆工具"，新建一个宽 × 高为 96 px×96 px 的正圆，与 Banner 间距为 38 px，放置于第一格区域，如图 5-2-12 所示。

步骤 5：绘制"研学精选"图标，选择"矩形选框工具"，框选第一格区域，选择正圆，选择"移动工具"，在顶部工具栏中单击"水平居中对齐"按钮，如图 5-2-13 所示。

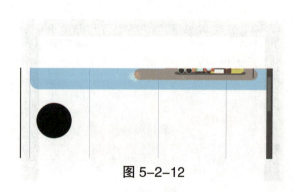

图 5-2-12                     图 5-2-13

步骤 6：添加混合选项——渐变叠加，双击渐变颜色条，修改色标颜色，色标颜色值为 #e24020 ~ #de7825，单击"确定"按钮，将角度调整为 100 度，如图 5-2-14 所示。

步骤 7：勾选"投影"复选框，颜色设置为 #e24020，"混合模式"为"正片叠底"，不透明度为 20%，角度为 120 度，距离为 12 px，大小为 8 px，单击"确定"按钮，如图 5-2-15 所示。

图 5-2-14

图 5-2-15

步骤 8：使用"矩形工具"，新建一个宽 × 高为 58 px × 48 px 的矩形，填充色为白色，如图 5-2-16 所示。

步骤 9：使用"添加锚点工具"，在中间位置添加两个锚点，如图 5-2-17 所示。

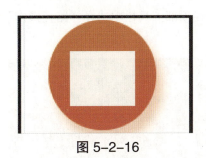
图 5-2-16

图 5-2-17

步骤 10：选择"路径选择工具"，再选择左下角和右下角锚点，向上垂直移动 6 px，如图 5-2-18 所示。

步骤 11：选择中间左边锚点，再选择左边手柄，按住 Alt 键向上移动手柄，如图 5-2-19 所示。

步骤 12：选择中间右边锚点，再选择右边手柄，按住 Alt 键向上移动手柄，如图 5-2-20 所示。

图 5-2-18

图 5-2-19

图 5-2-20

步骤 13：选择"矩形工具"，按住 Shift 键（同个图层），拖动鼠标新建一个宽 × 高为 52 px × 42 px 的矩形，如图 5-2-21 所示。

步骤 14：使用"添加锚点工具"，在矩形下边中间添加一个锚点，如图 5-2-22 所示。

步骤 15：选择"路径选择工具"，再选择中间锚点，向下垂直移动合适的位置，如图 5-2-23 所示。

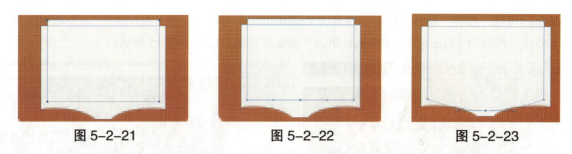

图 5-2-21　　　　　　　图 5-2-22　　　　　　　图 5-2-23

步骤 16 ：选择左边手柄，按住 Alt 键向上移动到合适的位置，如图 5-2-24 所示。

步骤 17 ：选择右边手柄，向上移动到合适的位置，如图 5-2-25 所示。

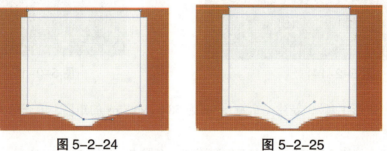

图 5-2-24　　　　　　　　　图 5-2-25

步骤 18、选择 "路径选择工具"，再选择当前形状，在顶部工具栏中选择 "路径操作" → "减去顶层形状" 选项，如图 5-2-26 所示。

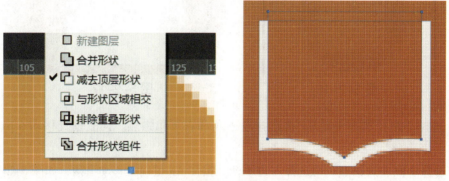

图 5-2-26

步骤 19 ：选择当前形状，复制、粘贴形状，向上垂直移动 2 px，在顶部工具栏中选择 "路径操作" → "合并形状" 选项，如图 5-2-27 所示。

图 5-2-27

步骤 20：使用"添加锚点工具"，在当前形状上边中间添加一个锚点，如图 5-2-28 所示。

步骤 21：选择锚点，向下垂直移动 8px，如图 5-2-29 所示。

图 5-2-28

图 5-2-29

步骤 22：选择左边手柄，按住 Alt 键向上移动至合适位置，如图 5-2-30 所示。

步骤 23：选择右边手柄，按住 Alt 键向上移动至合适位置，如图 5-2-31 所示。

图 5-2-30

图 5-2-31

步骤 24：选择"路径选择工具"，再选择当前形状，按"Ctrl+T"组合键，按住 Alt 键将形状宽度调整为 48 px，如图 5-2-32 所示。

步骤 25：使用"圆角矩形工具"，按 Alt 键（拖动鼠标即放开 Alt 键）在当前形状中间拖动鼠标新建一个 4 px×34 px 的圆角矩形（自动减去顶层形状），如图 5-2-33 所示。

图 5-2-32

图 5-2-33

步骤 26：使用"矩形工具"，新建一个宽×高为 12 px×34 px 的矩形，填充色为渐变色，色标颜色值为 #f3ab9b ~ #ffffff，角度为 180 度，如图 5-2-34 所示。

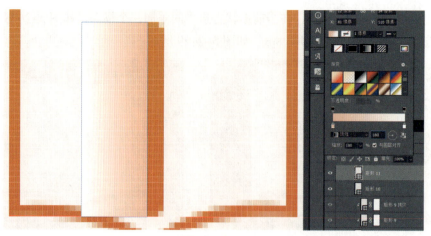

图 5-2-34

步骤 27：单击添加图层蒙版，选择"画笔工具"，［键或］键调整画笔大小，单击矩形四周，如图 5-2-35 所示。

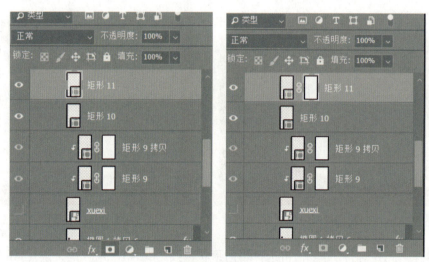

图 5-2-35

步骤 28：选择"画笔工具"，按［键或］键调整画笔大小，单击矩形四周，如图 5-2-36 所示。

图 5-2-36

步骤 29：按住 Alt 键，鼠标移动到两个图层中间，单击创建剪贴蒙版，如图 5-2-37 所示。

图 5-2-37

步骤 29：选择矩形图层，按 "Ctrl+J" 组合键复制图层，平移至圆角矩形右边，如图 5-2-38 所示。

图 5-2-38

步骤 30：进行颜色设置，将角度修改为 0 度，删除图层蒙版，如图 5-2-39 所示。

图 5-2-39

步骤 31：添加图层蒙版，选择 "画笔工具"，单击矩形周边，调整出相应的图形，如图 5-2-40 所示。

图 5-2-40

步骤 32：按住 Alt 键，移动鼠标至两个图层之间，单击创建剪贴蒙版，如图 5-2-41 所示。

图 5-2-41

步骤 33：使用"文本工具"，输入文字"研学精选"，字体为思源黑体 Regular，文字大小为 28 px，颜色为 #565656，与圆形水平居中对齐，间距为 24 px，如图 5-2-42 所示。

步骤 34：选择图标、圆形与文字图层，按"Ctrl+G"组合键合并图层，并重命名为"研学精选"，如图 5-2-43 所示。

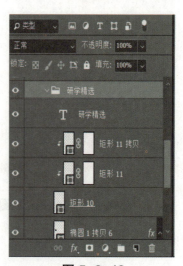

图 5-2-42　　　　　　　　　　　图 5-2-43

步骤 35：选择当前图层组，按住 Alt 键向右平移复制图层组，连续复制 3 次，如图 5-2-44 所示。

图 5-2-44

步骤 36：选择第 4 个图层组，使用"矩形选框工具"框选最后一个区域，单击顶部工具栏中的"水平居中对齐"按钮，如图 5-2-45 所示。

步骤 37：全选 4 个图层组，单击顶部工具栏中的"垂直居中对齐""水平居中分布"按钮，如图 5-2-46 所示。

图 5-2-45

图 5-2-46

步骤 38：选择第 2 个图层组，再选择图标图层按 Delete 键删除图层，如图 5-2-47 所示。

图 5-2-47

步骤 39：双击圆形图层，打开"图层样式"对话框，勾选"渐变叠加"复选框，双击渐变颜色条，左边色标颜色值为 #a27efe，右边色标颜色值为 #55a1f9，角度为 100 度，如图 5-2-48 所示。

步骤 40：勾选"投影"复选框，将颜色设置为 #a07ffe，单击"确定"按钮，如图 5-2-49 所示。

图 5-2-48　　　　　　　　　　　　　　图 5-2-49

步骤 41 ：使用"椭圆工具"，新建一个宽 × 高为 68 px×80 px 的椭圆，填充色为白色，如图 5-2-50 所示。

步骤 42 ：使用"椭圆工具"，新建一个宽 × 高为 106 px×44 px 的椭圆，放置于合适的位置，如图 5-2-51 所示。

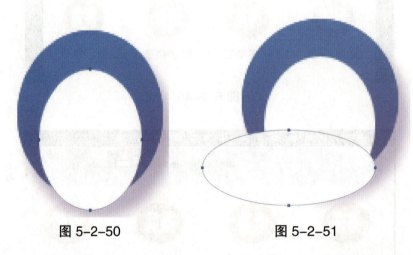

图 5-2-50　　　　　　　　　　　　　　图 5-2-51

步骤 43 ：选择两个椭圆图层，按"Ctrl+E"组合键合并形状，如图 5-2-52 所示。

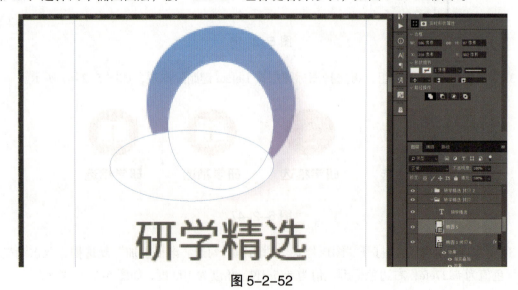

图 5-2-52

步骤 44：选择"路径选择工具"，再选择顶层椭圆，在顶部工具栏中选择"路径操作"→"减去顶层形状"选项，如图 5-2-53 所示。

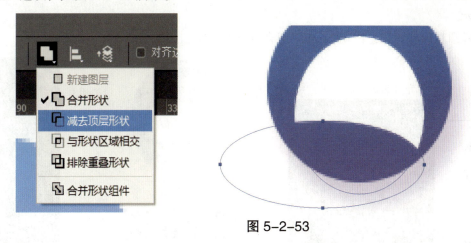

图 5-2-53

步骤 45：使用"椭圆工具"，新建一个宽 × 高为 28 px×30 px 的椭圆，并放置于相应的位置，如图 5-2-54 所示。

步骤 46：选择椭圆与形状图层，按"Ctrl+E"组合键合并形状，如图 5-2-55 所示。

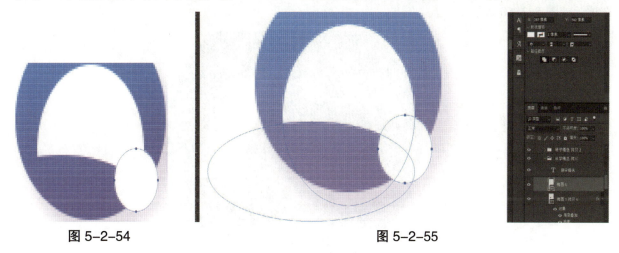

图 5-2-54                                    图 5-2-55

步骤 47：选择"路径选择工具"，再选择椭圆，在顶部工具栏中选择"路径操作"→"减去顶层形状"选项，如图 5-2-56 所示。

图 5-2-56

步骤 48：使用"椭圆工具"，新建一个宽 × 高为 70 px × 120 px 的椭圆，如图 5-2-57 所示。

步骤 49：选择椭圆和形状图层，按"Ctrl+J"组合键复制图层，单击指示图层可见性，隐藏新复制图层，如图 5-2-58 所示。

步骤 50：选择椭圆和形状图层，按"Ctrl+E"组合键合并形状，如图 5-2-59 所示。

图 5-2-57　　　　　　　　图 5-2-58　　　　　　　　　　　　　图 5-2-59

步骤 51：选择"路径选择工具"，再选择椭圆，在顶部工具栏中选择"路径操作"→"减去顶层形状"选项，如图 5-2-60 所示。

图 5-2-60

步骤 52：选择"路径选择工具"，再选择当前形状（椭圆），在顶部工具栏中选择"路径操作"→"合并形状组件"选项；添加图层样式——渐变叠加，左边色标颜色值为 #adc0ff，右边色标颜色值为 #ffffff，角度为 24 度，如图 5-2-61、图 5-2-62 所示。

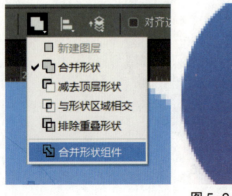

图 5-2-61

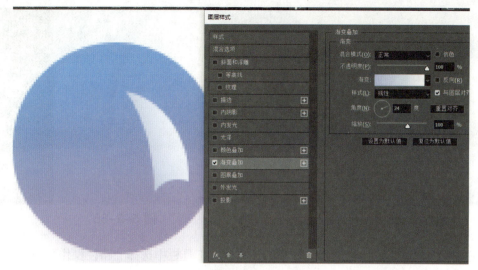

图 5-2-62

步骤 53：打开隐藏图层，选择两个图层，按"Ctrl+E"组合键合并形状，如图 5-2-63 所示。

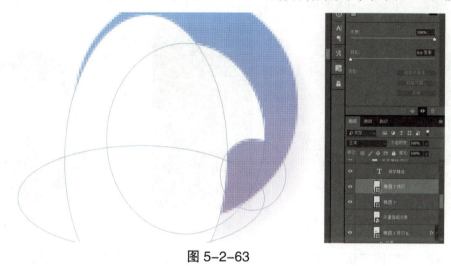

图 5-2-63

步骤 54：选择"路径选择工具"，再选择椭圆，向左平移 3 px，在顶部工具栏中选择"路径操作"→"与形状区域相交"选项，如图 5-2-64 所示。

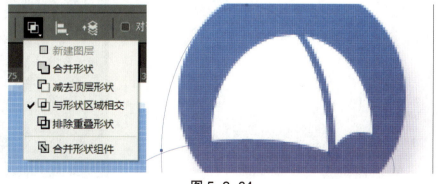

图 5-2-64

步骤 55：使用"椭圆工具"，新建一个宽 × 高为 24 px×40 px 的椭圆，并放置在相应的位置，如图 5-2-65 所示。

步骤 56：选择椭圆和下层形状图层，按"Ctrl+E"组合键合并形状，如图 5-2-66 所示。

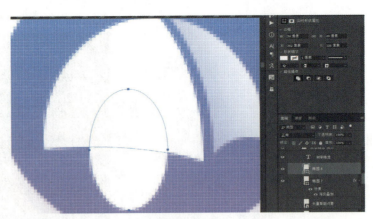

图 5-2-65　　　　　　　　　　　　图 5-2-66

步骤 57：选择"路径选择工具"，再选择椭圆，在顶部工具栏中选择"路径操作"→"减去顶层形状"选项，如图 5-2-67 所示。

步骤 58：选择"路径选择工具"，再选择当前形状（椭圆），在顶部工具栏中选择"路径操作"→"合并形状组件"选项，如图 5-2-68 所示。

图 5-2-67　　　　　　　　　　　　图 5-2-68

步骤 59：使用"椭圆工具"，新建一个宽 × 高为 18 px × 28 px 的椭圆，填充色为 #adc0ff，不透明度为 50%，如图 5-2-69 所示。

图 5-2-69

步骤 60：使用"椭圆工具"，按住 Alt 键拖动鼠标，绘制相应大小的椭圆并减去顶层形状，调整角度为 45 度，如图 5-2-70 所示。

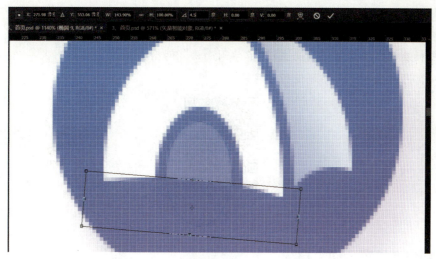

图 5-2-70

步骤 61：选择"路径选择工具"，再选择当前形状（两个椭圆），在顶部工具栏中选择"路径操作"→"合并形状组件"选项，如图 5-2-71 所示。

图 5-2-71

步骤 62：选择"文本工具"，双击"研学精选"图层，将文字修改为"冬夏令营"，并双击当前图层组名称，重命名为"冬夏令营"，如图 5-2-72 所示。至此完成图标绘制。

图 5-2-72

**分层教学**

根据上述图标绘制方法绘制"闽南生活""学闽南语"两个图标。

若存在困难，可扫描以下二维码进行参考。

分层教学–二维码内容

### 活动 4：制作"优惠活动"模块

步骤 1：新建标题文字，使用"文本工具"，输入文字"优惠活动"，字体为思源黑体 Medium，文字大小为 36 px，文字颜色为 #303030，对齐左边参考线，与图标文字间距为 72 px，如图 5-2-73 所示。

步骤 2：选择文字"优惠活动"，按住 Alt 键向右平移复制文字，双击文字图层，修改文字为"查看更多"，如图 5-2-74 所示。

图 5-2-73　　　　　　　　　　　　图 5-2-74

步骤 3：选择文字"查看更多"，将字体修改为思源黑体 Regular，文字大小为 24 px，文字颜色为 #8e8e8e，如图 5-2-75 所示。

图 5-2-75

步骤 4：使用"圆角矩形工具"，新建一个 2 px × 16 px 的圆角矩形，填充色为 #8e8e8e，如图 5-2-76 所示。

步骤 5：选择"路径选择工具"，单击当前圆角矩形，复制、粘贴圆角矩形，按"Ctrl+T"组合键，单击鼠标右键，选择"顺时针 / 逆时针旋转 90 度"选项，如图 5-2-77 所示。

图 5-2-76                    图 5-2-77

步骤 6：选择"路径选择工具"，按住 Shift 键选择两个圆角矩形，在顶部工具栏选择路径对齐方式，这里选择在右边和底边对齐，如图 5-2-78 所示。

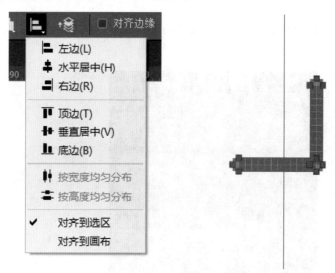

图 5-2-78

步骤 7：使用"移动工具"，选择当前形状，按"Ctrl+T"组合键，在顶部"△"处输入 -45 度进行逆时针旋转，右边对齐参考线，与文字间距为 8 px，如图 5-2-79 所示。

图 5-2-79

步骤 8：使用"圆角矩形工具"，单击画板创建一个圆角半径为 10 px 的圆角矩形，填充色为 #，左边对齐参考线，与标题文字间距为 32 px，如图 5-2-80 所示。

步骤 9：选择"文字工具"，输入文字"暑期"，将字体修改为"方正综艺简体"，文字大小为 36 px，文字颜色为白色，与圆角矩形顶边间距为 28px，与左边间距为 24px，如图 5-2-81 所示。

步骤 10：使用"移动工具"，选择文字"暑期"，按住 Alt 键向下垂直移动复制文字，双击文字图层，修改文字为"闽南研学特价游"，将文字大小修改为 24 px，与"暑期"文字间距为 24 px，如图 5-2-82 所示。

步骤 11：选择"文件"→"置入嵌入对象"选项，导入插画素材，并调整大小为 260 px × 260 px，如图 5-2-83 所示。

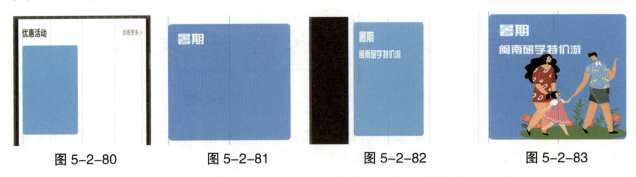

|  图 5-2-80  |  图 5-2-81  |  图 5-2-82  |  图 5-2-83  |

步骤 12：选择圆角矩形、插画素材与文字图层，按"Ctrl+G"组合键合并图层，并重命名为"特价游"，如图 5-2-84 所示。

图 5-2-84

步骤 13：使用"圆角矩形工具"单击画板，创建一个宽 × 高为 362 px × 162 px、圆角半径为 10 px 的圆角矩形，与右边参考线对齐，填充色为 #39ccde，如图 5-2-85 所示。

图 5-2-85

步骤 14：使用"移动工具"，选择"查看更多"文字和箭头图层，按"Ctrl+J"组合键复制图层，按"Ctrl+Shift+]"组合键将复制的图层置于顶层，移动至圆角矩形左上角，与顶边间距为 20 px，与左边间距为 16 px，如图 5-2-86 所示。

图 5-2-86

步骤 15：双击当前"查看更多"文字图层，将文字修改为"特价机票"，文字颜色为白色，如图 5-2-87 所示。

步骤 16：双击箭头形状图层，将填充色修改为白色，向右平移至与文字间距为 16 px 处，如图 5-2-88 所示。

步骤 17：使用"圆角矩形工具"，新建一个宽 × 高为 330 px×80 px、圆角半径为 6 px 的圆角矩形，填充色为白色，与下层圆角矩形水平垂直居中对齐，与底边间距为 16 px，如图 5-2-89 所示。

图 5-2-87　　　　　　　　图 5-2-88　　　　　　　　图 5-2-89

步骤 18：使用"横排文字工具"，输入文字"上海"，字体为思源黑体 Regular，文字大小为 24 px，文字颜色为 #565656，如图 5-2-90 所示。

步骤 19：使用"移动工具"，选择当前文字，按住 Alt 键往右平移，双击文字图层，修改文字为"厦门"，与文字"上海"间距为 56 px，如图 5-2-91 所示。

图 5-2-90　　　　　　　　　　图 5-2-91

步骤 20：绘制箭头图标。使用"矩形工具"，拖动鼠标新建一个宽 × 高为 36 px×2 px 的矩形，填充色为 #565656，放置于两个文字中间，如图 5-2-92 所示。

图 5-2-92

步骤 21：选择"多边形工具"，按住 Shift 键拖动鼠标新建一个宽 × 高为 4 px × 6 px 的三角形，放置于矩形右上角，如图 5-2-93 所示。

图 5-2-93

步骤 22：使用"直接选择工具"，单击三角形顶部锚点，向左平移 4 px，如图 5-2-94 所示。

步骤 23：使用"横排文字工具"，输入文字"240.00"，字体为思源黑体 Medium，文字大小为 32 px，文字颜色为 #ff1616，与文字"上海"左边对齐，间距为 16 px，如图 5-2-95 所示。

图 5-2-94　　　　　　　　　　　图 5-2-95

步骤 24：使用"矩形工具"，新建一个宽 × 高为 68 px × 30 px 的矩形，修改填充色为渐变，色标颜色值为 #ff1616 ~ #fb5939，角度为 90 度，与数字文字垂直居中对齐，间距为 32 px，如图 5-2-96 所示。

步骤 25：在属性栏中取消勾选"将角半径值链接在一起"复选框，将左上角和右上角圆角半径设置为 8 px，如图 5-2-97 所示。

图 5-2-96　　　　　　　　　　　图 5-2-97

步骤 26：选择"移动工具"，再选择文字"厦门"，按住 Alt 键拖动鼠标复制文字，将文字置于当前形状中间，并且调整图层至形状上层，如图 5-2-98 所示。

步骤 27：选择"文字工具"，双击当前文字图层，修改文字为"特价票"，修改文字大小为 20px，修改文字颜色为白色，与下层形状水平垂直居中，如图 5-2-99 所示。

图 5-2-98　　　　　　　　　　　图 5-2-99

步骤 28：选择"文件"→"置入嵌入对象"选项，导入飞机素材，调整大小为 184 px×184 px，如图 5-2-100 所示。

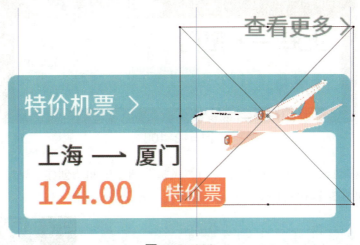

图 5-2-100

步骤 29：使用"矩形选框工具"框选飞机，按"Ctrl+J"组合键复制图层，将图层重命名为"飞机"，单击鼠标右键，选择"转换为智能对象"选项，按"Ctrl+T"组合键调整大小为 158 px×72 px，如图 5-2-101 所示。

图 5-2-101

步骤 30：单击图层底部"创建新的填充或调整图层"按钮，选择"色相/饱和度"选项，将色相调整为 +180，将饱和度调整为 -12，如图 5-2-102、图 5-2-103 所示。

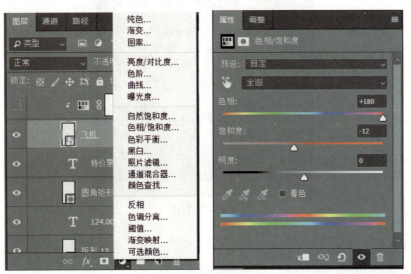

图 5-2-102

图 5-2-103

步骤31：将鼠标移动到"色相/饱和度"与"飞机"图层中间，创建剪贴蒙版，让调整的色相/饱和度只作用于飞机，如图 5-2-104 所示。

图 5-2-104

步骤32：选择当前圆角矩形和其中的内容，按"Ctrl+G"组合键合并图层，并重命名为"特价机票"，如图 5-2-105 所示。

图 5-2-105

步骤33：选择当前图层组，按"Ctrl+J"组合键复制图层组，重命名为"特价车票"，并向下垂直移动，与"特价机票"图层组间距为 16 px，如图 5-2-106 所示。

步骤34：展开当前图层组，双击底部圆角矩形图层，将填充色修改为 #ed6535，如图 5-2-107 所示。

| | |
|---|---|
| 图 5-2-106 | 图 5-2-107 |

步骤 35：按住 Ctrl 键单击文字"特价机票"，将文字修改为"特价车票"，如图 5-2-108 所示。

步骤 36：选择"飞机"和"色相/饱和度"图层，按 Delete 键删除图层，如图 5-2-109 所示。

| | |
|---|---|
| 图 5-2-108 | 图 5-2-109 |

步骤 37：选择"文件"→"置入嵌入对象"选项，导入动车素材，并调整大小为 208 px × 208 px，如图 5-2-110 所示。

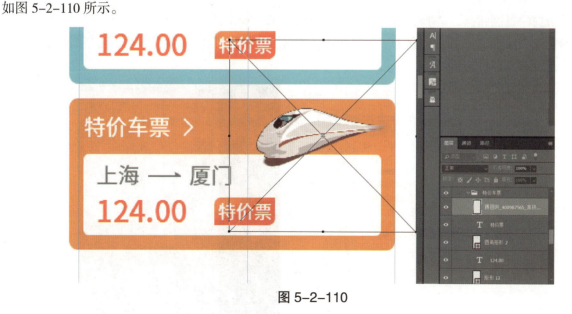

图 5-2-110

步骤 38：使用"矩形选框工具"选择动车素材图层，框选动车素材，按"Ctrl+J"组合键复制图层，重命名为"动车"，单击鼠标右键，选择"转换为智能对象"选项，按"Ctrl+T"组合键调整大小为 148 px × 66 px，如图 5-2-111 所示。

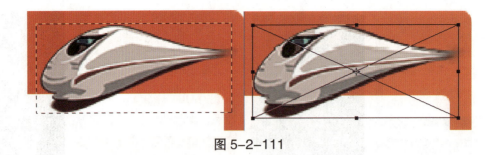

图 5-2-111

步骤 39：选择"优惠活动"模块图层，按"Ctrl+G"组合键合并成图层组，重命名为"优惠活动"，如图 5-2-112 所示。

图 5-2-112

### 活动 5：制作"路线推荐"模块

步骤 1：选择"优惠活动""查看更多"箭头形状图层，按"Ctrl+J"组合键复制图层，按"Ctrl+Shift+]"组合键将图层置于顶层（按两次，置于"优惠活动"图层组外），并且向下垂直移动，至与圆角矩形间距为 72 px 处，如图 5-2-113 所示。

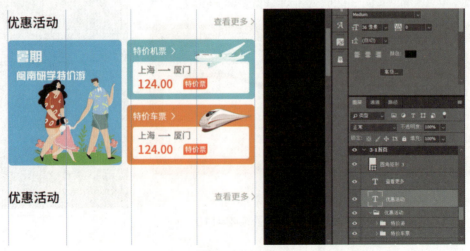

图 5-2-113

步骤 2：双击"优惠活动"图层，修改文字为"路线推荐"，如图 5-2-114 所示。

步骤 3：选择文字"查看更多"，修改文字为"全部"，向右平移至与箭头图标间距为 8 px 处，如图 5-2-115 所示。

图 5-2-114　　　　　图 5-2-115

步骤 4：选择画板，将画板高度调整为 2 630 px，如图 5-2-116 所示。

图 5-2-116

步骤 5：使用"圆角矩形工具"，新建一个宽 × 高为 702 px × 308 px、圆角半径为 10 px 的圆角矩形，与画板水平居中对齐，与标题文字间距为 32 px，如图 5-2-117 所示。

步骤 6：选择"文件"→"置入嵌入对象"选项，导入图片素材，如图 5-2-118 所示。

步骤 7：鼠标移动至图片素材图层与圆角矩形图层之间单击，创建剪贴蒙版，如图 5-2-119 所示。

图 5-2-117　　　　　图 5-2-118　　　　　图 5-2-119

步骤 8：使用"矩形工具"，新建一个宽 × 高为 120 px × 42 px 的矩形，修改填充色为渐变，色标颜色值为 #ff1616 ~ #fb5939，角度为 90 度，与圆角矩形顶边间距为 14 px，与圆角矩形左边间距为 20 px，如图 5-2-120 所示。

图 5-2-120

步骤 9：在属性栏中取消勾选"将角半径值链接在一起"复选框，将左上角和右上角圆角半径设置为 10 px，如图 5-2-121 所示。

图 5-2-121

步骤 10：选择"文字工具"，输入文字"网红路线"，字体为思源黑体 Regular，文字大小为 24 px，文字颜色为白色，与下层形状水平垂直居中对齐，如图 5-2-122 所示。

步骤 11：选择"文字工具"，输入文字"闽南革命路线"，字体为思源黑体 Regular，文字大小为 32 px，文字颜色为白色，与圆角矩形左边间距为 30 px（文字内容可不一样），如图 5-2-123 所示。

步骤 12：选择当前文字，按住 Alt 键向下垂直移动复制文字，间距为 24 px，将文字修改为"闽南革命路线描述文字闽南革命路线描述文字闽南革 …"，将字体修改为思源黑体 Light，将文字大小修改为 24 px（文字内容可不一样），如图 5-2-124 所示。

图 5-2-122　　　　　　　图 5-2-123　　　　　　　图 5-2-124

步骤 13：选择圆角矩形及其中的所有元素图层，按"Ctrl+G"组合键合并成图层组，重命名为"路线 1"，如图 5-2-125 所示。

图 5-2-125

步骤 14：选择"路线 1"图层组，按"Ctrl+J"组合键复制图层组，使用"移动工具"向下垂直移动，间距为 24 px，重命名为"路线 2"（文字内容和图片可根据需要修改）并选择标题文字图层和路线图层组，按"Ctrl+G"组合键合并成图层组，重命名为"路线推荐"，如图 5-2-126 所示。

图 5-2-126

### 活动 6：制作"了解闽南"模块

步骤 1：选择标题文字"路线推荐"和文字"全部"以及箭头图标图层，按"Ctrl+J"组合键复制图层，并按"Shift+Ctrl+]"组合键（按两次或拖动图层）将复制的图层置于顶层，向下垂直移动至与"路线推荐"模块间距为 72 px 处，如图 5-2-127 所示。

步骤 2：双击标题文字图层，修改文字为"了解闽南"，选择文字"全部"，修改文字为"查看更多"并向左平移，与箭头间距为 8 px，如图 5-2-128 所示。

图 5-2-127

图 5-2-128

步骤 3：使用"圆角矩形工具"，新建一个宽 × 高为 336 px × 420 px、圆角半径为 10 px 的圆角矩形，与标题文字间距为 32 px，如图 5-2-129 所示。

步骤 4：选择"文件"→"置入嵌入对象"选项，导入图片素材，如图 5-2-130 所示。

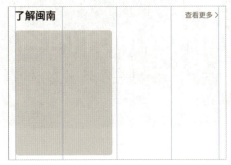

图 5-2-129

图 5-2-130

步骤 5：鼠标移动至图片素材图层与圆角矩形图层中间，按住 Alt 键单击，创建剪贴蒙版，如图 5-2-131 所示。

图 5-2-131

步骤 6：使用"横排文字工具"，在圆角矩形范围内单击，输入文字"闽南风景名称"，字体为思源黑体 Regular，文字大小为 28 px，文字颜色为白色（可根据自己的想法修改文字内容），与左边间距为 16 px，如图 5-2-132 所示。

步骤 7：使用"横排文字工具"，拖动鼠标选择文字范围，如图 5-2-133 所示。

图 5-2-132                    图 5-2-133

步骤 8：输入文字"闽南风景内容简介内容简介内容简介内容简介内容"，字体为思源黑体 Light，文字大小调整为 20 px，行距设置为 24 px，文字颜色为白色，与标题文字间距为 24 px（可根据自己的想法修改文字内容），如图 5-2-134 所示。

图 5-2-134

步骤 9：使用"圆角矩形工具"，新建一个宽 × 高为 352 px×202 px、圆角半径为 10 px 的圆角矩形，对齐右边参考线，与左边版块顶部对齐，如图 5-2-135 所示。

步骤 10：选择"文件"→"置入嵌入对象"选项，导入图片素材，如图 5-2-136 所示。

步骤 11：鼠标移动至图片素材图层与圆角矩形图层中间，按住 Alt 键单击，创建剪贴蒙版，如图 5-2-137 所示。

图 5-2-135　　　　　　　　　图 5-2-136　　　　　　　　　图 5-2-137

步骤 12：选择文字"闽南风景名称"，按住 Alt 键拖动复制文字到当前版块中的相应位置，与左边间距为 16 px，与底边间距为 24 px，如图 5-2-138 所示。

步骤 13：选择当前圆角矩形、图片素材和文字，按住 Alt 键向下垂直拖动，间距为 16 px，如图 5-2-139 所示。

图 5-2-138　　　　　　　　　　　　　图 5-2-139

步骤 14：选择图片素材图层，按 Delete 键删除图片，如图 5-2-140 所示。

步骤 15：选择"文件"→"置入嵌入对象"选项，导入图片素材，如图 5-2-141 所示。

步骤 16：鼠标移动至图片素材图层与圆角矩形图层中间，按住 Alt 键单击，创建剪贴蒙版，如图 5-2-142 所示。

图 5-2-140　　　　　　　　　图 5-2-141　　　　　　　　　图 5-2-142

步骤 17：选择当前模块的所有图层，按"Ctrl+G"组合键合并成图层组，重命名为"了解闽南"。

### 活动 7：绘制标签栏及其图标

步骤 1：使用"矩形工具"，新建一个宽 × 高为 750 px×98 px 的矩形，填充色为白色，放置于画板底部，如图 5-2-143 所示。

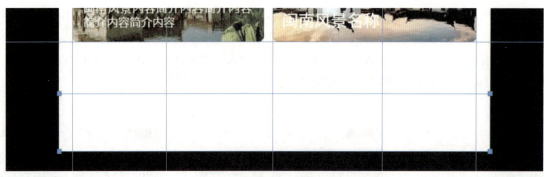

图 5-2-143

步骤 2：取消勾选"将角半径链接到一起"复选框，将左上角和右上角的圆角半径设置为 16 px，如图 5-2-144 所示。

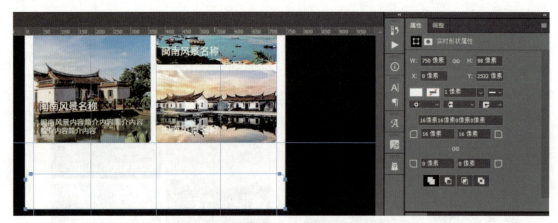

图 5-2-144

步骤 3：添加图层样式——投影，"混合模式"为"正片叠底"，颜色为 #380008，不透明度为 28%，角度为 90 度，大小为 13px，如图 5-2-145 所示。

图 5-2-145

步骤 4：使用"横排文字工具"，输入文字"首页"，字体为思源黑体 Regular，文字大小为 20 px，与底边间距为 12 px，放置于参考线第一个区域中并水平居中对齐，如图 5-2-146 所示。

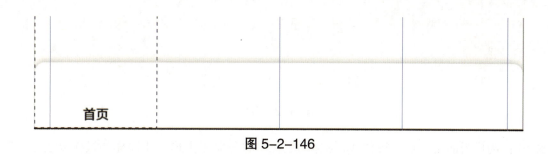

图 5-2-146

步骤 5：选择当前文字，按住 Alt 键向右平移复制 3 个，分别放置 4 个区域，如图 5-2-147 所示。

图 5-2-147

步骤 6：选择"矩形框选工具"，框选最后一个区域，选择第 4 个文字"首页"，单击顶部工具栏中的"水平居中对齐"按钮，如图 5-2-148 所示。

图 5-2-148

步骤 7：选择四个文字，单击顶部工具栏中的"水平居中分布"按钮，如图 5-2-149 所示。

图 5-2-149

步骤 8：选择全部文字，将颜色修改为 #797979，如图 5-2-150 所示。

图 5-2-150

步骤 9：创建图标大小范围。使用"矩形工具"，新建一个宽 × 高为 48 px × 48 px 的正方形，放置于"首页"文字上方，与文字水平居中对齐，如图 5-2-151 所示。

图 5-2-151

步骤 10：选择当前正方形，按住 Alt 键拖动鼠标平移复制正方形，用同样的操作复制 3 个正方形，分别放置于每个文字上方并且分别与相对应的文字水平居中对齐，如图 5-2-152 所示。

图 5-2-152

步骤 11：绘制"首页"图标，使用"圆角矩形工具"，新建一个宽 × 高为 36 px × 28 px、圆角半径为 2 px 的圆角矩形，填充色为 #8e8e8e，如图 5-2-153 所示。

步骤 12：使用"矩形工具"，新建一个宽 × 高为 30 px × 26 px 的矩形，放置于圆角矩形之上，与圆角矩形水平居中对齐且顶边对齐，如图 5-2-154 所示。

步骤 13：选择当前矩形和圆角矩形，按"Ctrl+E"组合键合并形状图层，如图 5-2-155 所示。

步骤 14：选择"路径选择工具"，再选择矩形，在顶部工具栏中选择"路径操作"→"减去顶层形状"选项，如图 5-2-156 所示。

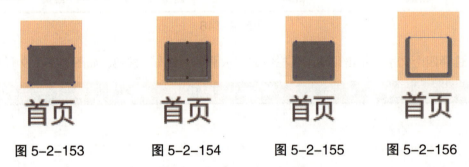

图 5-2-153　　　　图 5-2-154　　　　图 5-2-155　　　　图 5-2-156

步骤 15：使用"多边形工具"（边数修改为 3）新建一个宽 × 高为 48 px × 20 px 的三角形，如图 5-2-157 所示。

步骤 16：选择"路径选择工具"，单击三角形，按住 Alt 键向下垂直移动 4 px 复制三角形，如图 5-2-158 所示。

步骤 17：在顶部工具栏中选择"路径操作"→"减去顶层形状"选项，如图 5-2-159 所示。

图 5-2-157　　　　图 5-2-158　　　　　　　　图 5-2-159

步骤 18：按住 Shift 键单击下层三角形，在顶部工具栏中选择"路径操作"→"合并形状组件"选项，如图 5-2-160 所示。

步骤 19：使用"直接选择工具"，单击左边里面锚点，移动相应的位置，如图 5-2-161 所示。

步骤 20：使用"直接选择工具"，单击右边里面锚点，移动相应的位置，如图 5-2-162 所示。

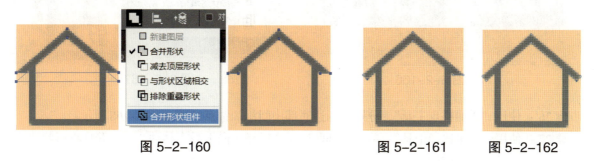

图 5-2-160　　　　　　　　　　　图 5-2-161　　　图 5-2-162

步骤 21：使用"圆角矩形工具"，新建一个宽 × 高为 18 px × 30 px、圆角半径为 9 px 的圆角矩形，与下层形状水平居中对齐，如图 5-2-163 所示。

步骤 22：选择"路径选择工具"，单击当前圆角矩形，复制、粘贴圆角矩形，按"Ctrl+T"组合键等比例缩小为 10 px × 22 px，如图 5-2-164 所示。

步骤 23：在顶部工具栏中选择"路径操作"→"减去顶层形状"选项，如图 5-2-165 所示。

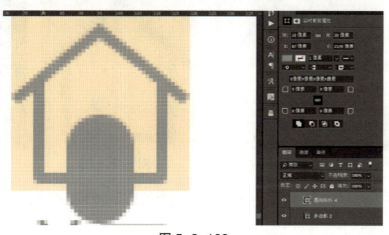

图 5-2-163

图 5-2-164　　　　　　　　　图 5-2-165

步骤 24：选择"矩形工具"，先按住 Alt 键拖动鼠标，待矩形出现后松开 Alt 键并减去顶层形状，如图 5-2-166 所示。

步骤 25：选择"路径选择工具"，再选择矩形和两个圆角矩形，在顶部工具栏中选择"路径操作"→"合并形状组件"选项，如图 5-2-167 所示。

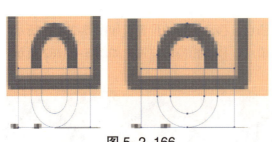

图 5-2-166　　　　　　　　　　图 5-2-167

步骤26：使用"添加锚点工具"，分别在两边底部中间添加锚点，如图 5-2-168 所示。

步骤27：使用"直接选择工具"，单击底部两边 4 个锚点，向上垂直移动 2 px，并且将形状填充色修改为#d1d1d1，如图 5-2-169 所示。

步骤28：选择全部形状图层，按"Ctrl+G"组合键合并成图层组，重命名为"首页默认"，如图 5-2-170 所示。

步骤29：按"Ctrl+J"组合键复制当前图层组，并重命名为"首页点击"，隐藏"首页默认"图层组，如图 5-2-171 所示。

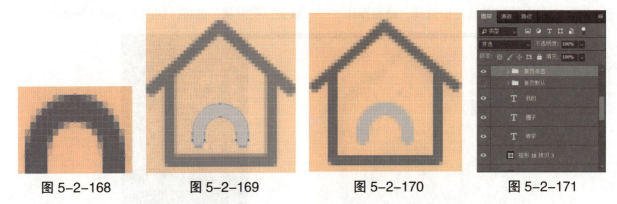

图 5-2-168　　　　图 5-2-169　　　　图 5-2-170　　　　图 5-2-171

步骤30：打开"首页点击"图层组，选择"路径选择工具"，按 Shift 选择多边形和矩形图层，修改填充色为#3c1710，如图 5-2-172 所示。

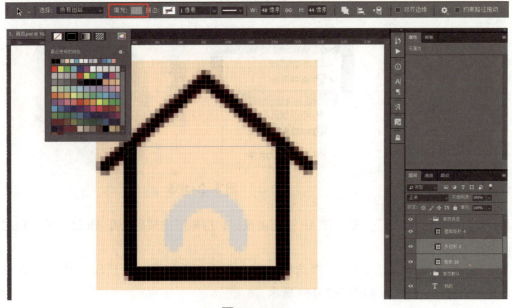

图 5-2-172

步骤 31：使用"矩形工具"，新建一个宽 × 高为 28 px × 24 px 的矩形，填充色为 #e24020，如图 5-2-173 所示。

步骤 32：使用"添加锚点工具"，在顶边相应的位置添加锚点，如图 5-2-174 所示。

步骤 33：选择"转换点工具"，单击新添加的锚点转换点，如图 5-2-175 所示。

 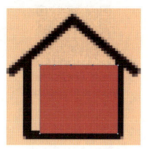 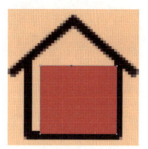

图 5-2-173　　　　　　　图 5-2-174　　　　　　　图 5-2-175

步骤 34：使用"直接选择工具"，单击当前锚点并向上垂直移动，如图 5-2-176 所示。

步骤 35：单击右边锚点并向下垂直移动 2 px，如图 5-2-177 所示。

步骤 36：单击左边 2 个锚点并向左平移 1 px，如图 5-2-178 所示。

图 5-2-176　　　　　　　图 5-2-177　　　　　　　图 5-2-178

步骤 37：选择当前形状图层，按"Shift+Ctrl+["组合键将其置于底层，如图 5-2-179 所示。

步骤 38：双击 U 形形状图层，修改填充色为白色，删除最底部正方形，如图 5-2-180 所示。

图 5-2-179　　　　　　　　　　　　图 5-2-180

步骤 39：选择文字"首页"，修改文字颜色为 #303030。当前界面即首页，如图 5-2-181 所示。

图 5-2-181

**分层教学**

请根据上述图标绘制方法绘制"研学""圈子""我的"三个图标。

若存在困难，可扫描以下二维码进行参考。

分层教学－二维码内容

## 【学习复盘】

结合之前的学习内容，梳理本任务中模块或元素设计是否规范标准，并填写表 5-2-1。

表 5-2-1　自检表

| 模块名称 | 规范推荐尺寸 | 本次设计使用的尺寸 |
| --- | --- | --- |
| 状态栏 | | |
| 导航栏 | | |
| 标签栏 | | |
| | | |
| | | |
| | | |
| | | |

## 【拓展练习】

设计变种首页：基于"闽圈圈"App 首页设计，尝试设计一个变种版本，例如，如果当前设计采用宫格布局，则可以尝试设计为列表布局，然后对比两个版本的优、缺点。

## 【项目测评】

扫码打开多元化评价表，进行项目自检，评价主体由学生、小组与教师构成。

项目五测评

# 6

# 项目 6 "闽圈圈" App "研学" 栏目界面设计

"研学"栏目是"闽圈圈"App 中的一个重要部分，是进行研学路线展示的独立模块，专注于提供与闽南文化相关的研学内容和体验。该栏目采用瀑布流样式，以让用户更加直观地进行体验。

## 【学习导图】

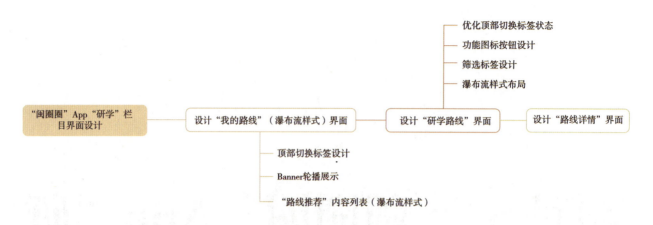

## 【学习目标】

| 知识目标 | 技能目标 | 素养目标 |
|---|---|---|
| （1）掌握关于色彩学、排版、布局和视觉层次的基础知识；<br>（2）掌握 UI 设计中的任务分析方法，包括用户故事和用例图等；<br>（3）了解目标用户群体的需求和行为模式；<br>（4）熟悉当前流行的 UI 设计趋势和技术标准 | （1）能够进行有效的 UI 评估，并根据反馈迭代设计；<br>（2）使用 Photoshop 进行瀑布流样式栏目界面设计；<br>（3）使用 Photoshop 进行详情界面设计 | （1）培养对细节的关注，以及对用户体验的持续追求；<br>（2）增强团队合作意识，学会与产品经理、开发人员和其他 UI 设计师有效沟通；<br>（3）提高适应变化的能力，灵活应对项目需求的变化和技术进步 |

## 任务 1 设计 "我的路线"（瀑布流样式）界面

## 【任务描述】

根据企业任务需求，本次设计的目标是打造 "闽圈圈" App 内独特且具有吸引力的 "我的路线" 栏目。此栏目应突出展示闽南地区的特色研学路线，并在视觉上与用户产生互动，提供良好的用户体验。

打开 "闽圈圈" App 产品原型文件，参考图 6-1-1 所示需求进行设计。

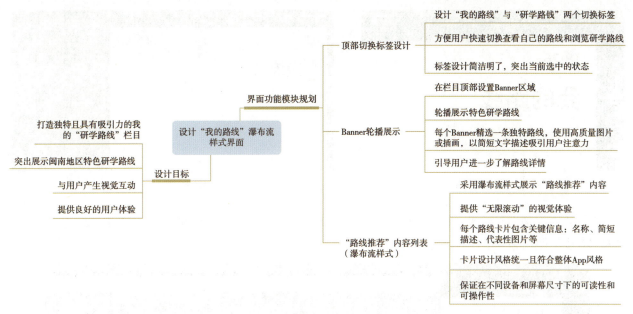

图 6-1-1

## 【任务实施】

步骤 1：打开首页文件，留下状态栏和标签栏，删除其余内容和多余参考线，将画板高度修改为 1 706 px，将标签栏置于底部，重命名为"4-0 研学 - 我的路线"。选择"文件"→"储存为"选项，将文件名称修改为"4.研学"，如图 6-1-2 所示。

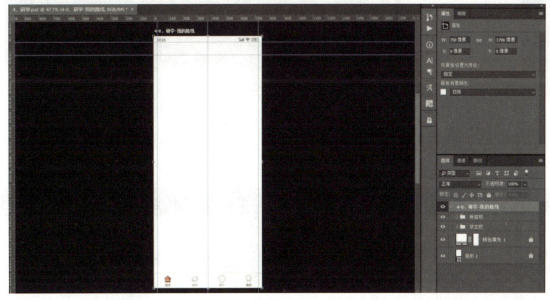

图 6-1-2

步骤 2：使用"横排文字工具"，单击导航栏位置输入文字"我的路线"，字体为思源黑体 Medium，文字大小为 40 px，文字颜色为 #303030，与左边参考线对齐，垂直居中于导航栏区域，如图 6-1-3 所示。

步骤 3：使用"圆角矩形工具"，新建一个宽 × 高为 56 px × 14 px 的圆角矩形，在属性栏中取消勾选"将角半径链接在一起"复选框，左上角和右下角圆角半径为 2 px，右上角和左下角圆角半径为 8 px，填充色为 #e24020，放置于文字"我的路线"左下角，如图 6-1-4 所示。

图 6-1-3                                                 图 6-1-4

步骤 4：添加图层样式，将颜色设置为 #b3361d，"混合模式"为"正片叠底"，不透明度为 15%，角度为 120 度，距离为 4 px，大小为 2 px，如图 6-1-5 所示。

图 6-1-5

步骤 5：调整图层，放置于文字图层下层，如图 6-1-6 所示。

步骤 6：选择文字，按住 Alt 键向右平移复制文字，修改文字为"研学路线"，文字大小为 32 px，文字颜色为 #565656，与左侧文字间距为 72 px，如图 6-1-7 所示。

图 6-1-6                                                 图 6-1-7

步骤 7：使用"圆角矩形工具"，新建一个宽 × 高为 576 px × 838 px、圆角半径为 32 px 的圆角矩形，与上面圆角矩形间距为 48 px，如图 6-1-8 所示。

步骤 8：选择"文件"→"置入嵌入对象"选项，导入图片素材，调整到合适大小，将鼠标移动到图片和圆角矩形图层之间按 Alt 键，单击创建剪切蒙版，如图 6-1-9 所示。

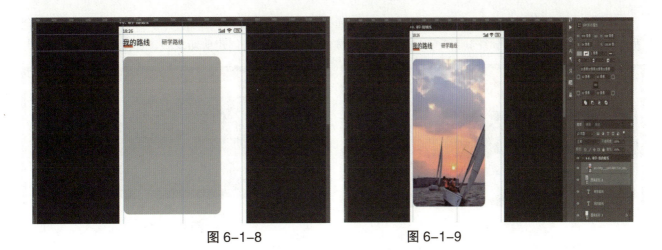

图 6-1-8　　　　　　　　　　　图 6-1-9

步骤 9：使用"椭圆工具"，新建一个短轴 × 长轴为 8 px×8 px 的椭圆（亦即正圆），填充色为白色，与顶边间距为 48 px，与左边间距为 38 px，如图 6-1-10 所示。

步骤 10：选择当前正圆，按住 Alt 键向右平移复制，修改大小为 12 px×12 px，与小圆间距为 10 px，如图 6-1-11 所示。

步骤 11：选择小圆，按住 Alt 键向右平移复制，与中间圆间距为 10 px，如图 6-1-12 所示。

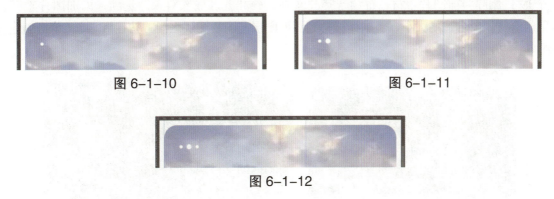

图 6-1-10　　　　　　　　　　　图 6-1-11

图 6-1-12

步骤 12：使用"横排文字工具"，输入文字"'闽南传奇'研学之旅"，字体为思源黑体 Regular，文字大小为 32px，文字颜色为白色，与左边间距为 38px，如图 6-1-13 所示。

步骤 13：使用横排文字工具，拖动鼠标选择文字区域，输入文字"从昔日的小渔村发展到经济特区，改革开放以来，厦门的高速发展惊艳了全...."，字体为思源黑体 Regular，文字大小为 28 px，文字颜色为白色，与标题文字间距为 56 px，如图 6-1-14 所示。

图 6-1-13　　　　　　　　　　　图 6-1-14

步骤 14：使用"椭圆工具"，新建一个短轴 × 长轴为 60 px×60 px 的椭圆（亦即正圆），填充色为白色，与左边间距为 28 px，与底部间距为 98 px，如图 6-1-15 所示。

步骤15：选择"文件"→"置入嵌入对象"选项，导入图片素材，使用"Ctrl+T"组合键调整到合适大小，将鼠标移动到圆形图层和图片图层之间并按住 Alt 键，单击创建剪切蒙版，如图 6-1-16 所示。

图 6-1-15

图 6-1-16

步骤16：选择当前两个对象，按住 Alt 键向右平移复制，如图 6-1-17 所示。

步骤17：删除当前图片素材，继续选择"文件"→"置入嵌入对象"选项，添加图片素材，使用"Ctrl+T"组合键调整合适的大小，将鼠标移动到圆形图层和图片图层之间并按住 Alt 键，单击创建剪切蒙版，如图 6-1-18 所示。

步骤18：选择当前两个对象，按住 Alt 键向右平移复制，如图 6-1-19 所示。

步骤19：删除当前图片素材，继续选择"文件"→"置入嵌入对象"选项，添加图片素材，使用"Ctrl+T"组合键调整合适的大小，将鼠标移动到圆形图层和图片图层之间并按住 Alt 键，单击创建剪切蒙版，如图 6-1-20 所示。

图 6-1-17

图 6-1-18

图 6-1-19

图 6-1-20

步骤20：使用"横排文字工具"，输入文字"3 天"，字体为思源黑体 Regular，文字大小为 24 px，文字颜色为白色，与左边间距为 28 px，与上方椭圆间距为 24 px，如图 6-1-21 所示。

步骤21：选择当前文字，按住 Alt 键向右平移复制，修改文字为"3 个景点"，文字间距为 32 px，如图 6-1-22 所示。

步骤22：使用"椭圆工具"，在两个文字中间新建一个短轴 × 长轴为 6 px × 6 px 的椭圆（亦即正圆），填充色为白色（可直接用输入法中的特殊符号圆点），如图 6-1-23 所示。

图 6-1-21　　　　　　　　　图 6-1-22　　　　　　　　　图 6-1-23

步骤 23：选择当前模块的全部图层，按"Ctrl+G"组合键合并成图层组，重命名为"路线 1"，如图 6-1-24 所示。

图 6-1-24

步骤 24：选择当前组，按住 Alt 键向右平移复制，间距为 24 px，如图 6-1-25、图 6-1-26 所示。

图 6-1-25

图 6-1-26

步骤 25：选择当前圆角矩形背景，调整宽 × 高为 510 px × 760 px，圆角半径修改为 24 px，与"路线 1"垂直居中对齐，如图 6-1-27 所示。

图 6-1-27

步骤 26：选择图片素材图层，按 Delete 删除，选择"文件"→"置入嵌入对象"选项，导入相应的图片素材，并使用"Ctrl+T"组合键调整合适的大小，将图片图层置于圆角矩形上层，将鼠标移动到圆角矩形图层和图片图层之间并按住 Alt 键，单击创建剪切蒙版，如图 6-1-28 所示。

图 6-1-28

步骤 27：按住 Shift 键选择 3 个正圆和标题文字以及简介文字图层，向下垂直移动，与顶部间距为 32 px，如图 6-1-29 所示。

图 6-1-29

步骤 28 ：选择底部 3 个圆形和图片素材，以及文字图层，向上垂直移动，与底部间距为 40 px，将图层组重命名为"路线 2"，如图 6-1-30 所示。

图 6-1-30

步骤 29 ：使用"圆角矩形工具"，新建一个宽 × 高为 40 px×12 px、圆角半径为 6 px 的圆角矩形，填充色为 #e24020，与"路线 1"间距为 32 px，居左对齐，如图 6-1-31 所示。

图 6-1-31

步骤 30 ：使用"椭圆工具"，新建一个短轴 × 长轴为 12 px×12 px 的椭圆（亦即正圆），填充色为 #d1d1d1，与圆角矩形间距为 16 px，如图 6-1-32 所示。

图 6-1-32

步骤 31 ：选择当前正圆，按住 Alt 键向右平移复制，间距为 16 px，如图 6-1-33 所示。

图 6-1-33

步骤 32 :打开首页文件，选择其中一个标题文字和"查看更多"按钮图层，单击鼠标右键，选择"复制图层"选项，选择"4、研学 .psd"文件，单击"确定"按钮，如图 6-1-34、图 6-1-35 所示。

图 6-1-34                                    图 6-1-35

步骤 33：打开"4、研学 .psd"文件，选择复制的标题文字和"查看更多"按钮，移动到相应的位置，双击标题文字，修改为"路线推荐"，对齐左边参考线，与上层圆角矩形间距为 72 px，如图 6-1-36 所示。

图 6-1-36

步骤 34：使用"圆角矩形工具"，新建一个宽 × 高为 702 px×312 px、圆角半径为 8 px 的圆角矩形，与画板水平居中对齐，与标题文字间距为 40 px，如图 6-1-37 所示。

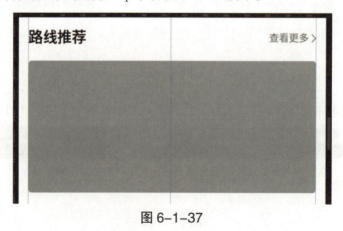

图 6-1-37

步骤 35：选择"文件"→"置入嵌入对象"选项，导入图片素材并调整大小，鼠标移动到图片图层和圆角矩形图层中间并按住 Alt 键，单击创建剪切蒙版，如图 6-1-38 所示。

图 6-1-38

步骤 36：使用"矩形工具"，新建一个宽 × 高为 120 px×48 px 的矩形，填充色为 #e24020，与顶边和左边间距为 24 px，如图 6-1-39 所示。

图 6-1-39

步骤 37：在属性栏中勾选"将角半径值链接到一起"复选框，将左上角和右下角半径修改为 10 px，如图 6-1-40 所示。

图 6-1-40

步骤 38：使用"横排文字工具"，输入文字"当地活动"，字体为思源黑体 Regular，文字大小为 24 px，文字颜色为白色，与下层形状水平垂直居中对齐，如图 6-1-41 所示。

图 6-1-41

步骤 39：使用"圆角矩形工具"，新建一个宽 × 高为 180 px×106 px、圆角半径为 8 px 的圆角矩形，填充色为 #484848，与左边和底边间距为 24 px，如图 6-1-42 所示。

图 6-1-42

步骤 40：使用"矩形工具"，新建一个宽 × 高为 180 px×60 px 的矩形，填充色为 #ff7906，与圆角矩形水平居中对齐，底边对齐，如图 6-1-43 所示。

图 6-1-43

步骤 41：鼠标移动到矩形图层和圆角矩形图层中间并按住 Alt 键，单击创建剪切蒙版，如图 6-1-44 所示。

图 6-1-44

步骤 42：选择文字"当地活动"图层，按"Ctrl+J"组合键复制图层，并且调整图层至矩形上层，修改文字为"今日可订"，与灰色区域水平垂直居中对齐，如图 6-1-45 所示。

图 6-1-45

步骤 43：选择文字"今日可订"图层，按"Ctrl+J"组合键复制图层，修改文字为"¥258"，与上层文字居左对齐，如图 6-1-46 所示。

图 6-1-46

步骤 44：双击当前文字图层，选择数字"258"，调整大小为 36 px，如图 6-1-47 所示。

图 6-1-47

步骤 45：选择当前文字，按住 Alt 键向右平移，修改文字为"起"，文字大小修改为 24 px，与数字间距为 16px，如图 6-1-48 所示。

图 6-1-48

步骤 46：选择当前文字，按"Ctrl+J"组合键复制图层，修改文字为"胡哥旅游"，文字大小修改为 24 px，并移动至右边，与右边间距为 24 px，与底边间距为 72 px，如图 6-1-49 所示。

图 6-1-49

步骤 47：选择当前文字，按"Ctrl+J"组合键复制图层，并向下垂直移动，间距为 26 px，修改文字为"100% 满意"，如图 6-1-50 所示。

图 6-1-50

步骤 48：选择当前文字，按"Ctrl+J"组合键复制图层，并向左平移，修改文字为"14 人出游"，与右边文字间距为 32 px，如图 6-1-51 所示。

图 6-1-51

步骤 49：使用"直线工具"，在两个文字中间新建一条长度为 24 px 的直线，粗细为 2 px，与文字垂直居中对齐，如图 6-1-52 所示。

图 6-1-52

步骤 50：使用"横排文字工具"，输入文字"[ 春节 ] 厦门小城岛原生态海岛散拼赶海体验一日游"，字体为思源黑体 Regular，文字大小为 28 px，文字颜色为 #303030，与图片间距为 32 px，如图 6-1-53 所示。

当地活动
今日可订
¥258 起
胡哥旅游
14人出游 | 100%满意
[春节]厦门小城岛原生态海岛散拼赶海体验一日游

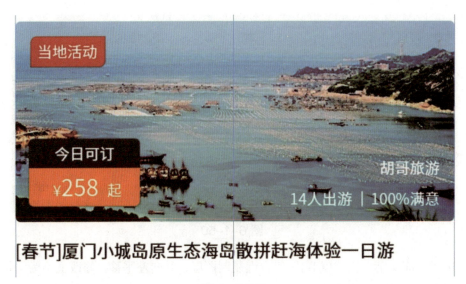

图 6-1-53

步骤 51：使用“圆角矩形工具”，新建一个宽 × 高为 28 px × 32 px、圆角半径为 4 px 的圆角矩形，填充色设置为无颜色，描边设置为 1 px，颜色为 e24020，与文字间距为 18 px，如图 6-1-54 所示。

今日可订
¥258 起
胡哥旅游
14人出游 | 100%满意
[春节]厦门小城岛原生态海岛散拼赶海体验一日游

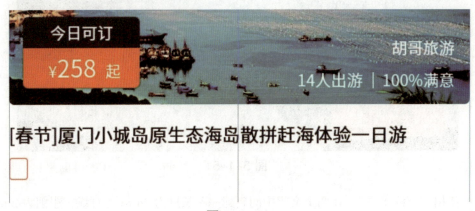

图 6-1-54

步骤 52：使用“横排文字工具”，输入文字“惠”，文字大小为 20 px，与圆角矩形水平垂直居中，文字颜色修改为 #e24020，如图 6-1-55 所示。

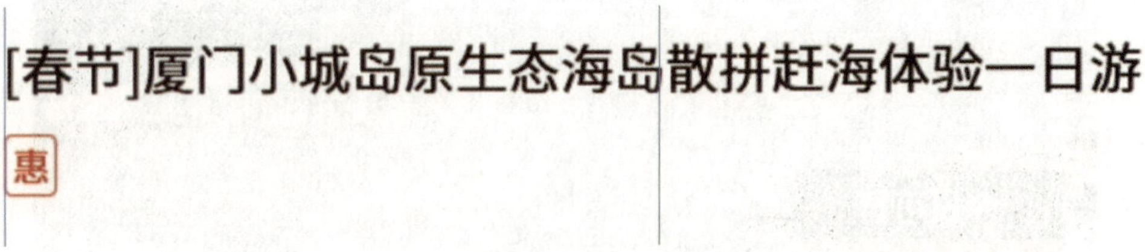

[春节]厦门小城岛原生态海岛散拼赶海体验一日游
惠

图 6-1-55

步骤 53：使用“横排文字工具”，输入文字“【可选拼车往返接送 + 当地渔民向导 + 海鲜大餐】”，文字大小为 24 px，与左边圆角矩形垂直居中对齐，间距为 10 px，文字颜色修改为 #8e8e8e，如图 6-1-56 所示。

图 6-1-56

步骤 54：使用"圆角矩形工具"，新建一个宽 × 高为 702 px × 60 px、圆角半径为 8 px 的圆角矩形，填充色为 #fff7f5，如图 6-1-57 所示。

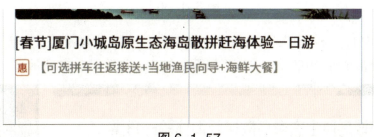

图 6-1-57

步骤 55：使用"椭圆工具"，新建一个短轴 × 长轴为 36 px × 36 px 的椭圆（亦即正圆），填充色为 #fee5cf，与圆角矩形垂直居中对齐，与左边间距为 16 px，如图 6-1-58 所示。

图 6-1-58

步骤 56：选择"文件"→"置入嵌入对象"选项，导入下载好的图标素材，使用"Ctrl+T"组合键调整大小为 26 px × 28 px，添加图层样式——颜色叠加，修改颜色为白色，如图 6-1-59 所示。

图 6-1-59

步骤 57：鼠标移动到当前形状图层与圆片图层之间并按住 Alt 键，单击创建剪切蒙版，如图 6-1-60 所示。

图 6-1-60

步骤 58：使用"横排文字工具"，输入文字"孩子去很开心，非常棒"，文字大小为 20 px，文字颜色为 #565656，与圆角矩形垂直居中对齐，与圆形间距为 32 px，如图 6-1-61 所示。

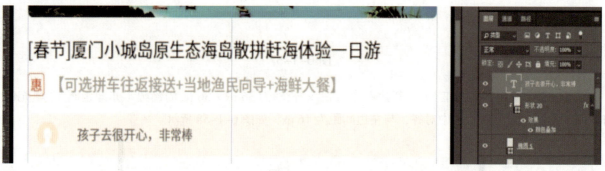

图 6-1-61

步骤 59：选择当前所有内容图层，按"Ctrl+G"组合键合并成图层组，重命名为"列表 1"，按住 Shift 键继续选择标题文字、"查看更多"按钮与当前图层组，按"Ctrl+G"组合键合并成图层组，重命名为"路线推荐"，如图 6-1-62、图 6-1-63 所示。

图 6-1-62

图 6-1-63

步骤 60：打开标签栏图层组，调整为顶层，如图 6-1-64 所示。

图 6-1-64

步骤 61：打开标签栏，隐藏首页，单击状态图标，打开首页默认状态图标，如图 6-1-65 所示。

图 6-1-65

步骤 62：双击文字"首页"图层，修改文字颜色为 #797979，如图 6-1-66 所示。

图 6-1-66

步骤 63：打开"研学"栏目，单击状态图标，隐藏默认状态图标，并且修改文字"研学"的颜色为 #303030，如图 6-1-67 所示。

图 6-1-67

## 【学习复盘】

请参考表 6-1-1 对设计项目进行复盘总结，并以小组为单位进行研讨。

表 6-1-1

| 设计理念复盘： | 技术实施复盘： |
|---|---|
| 布局效果复盘： | 用户交互复盘： |

## 【拓展练习】

练习名称：创新瀑布流样式栏目界面设计。

**任务描述如下。**

设计一个具有创新元素的瀑布流样式栏目界面，该界面可以是一个图片展示网站、电子商务产品列表、博客文章归档或任何其他适合使用瀑布流样式布局的项目。

**需要考虑以下要点。**

（1）用户体验：确保设计易于导航，内容组织合理，用户可以轻松找到他们感兴趣的信息。

（2）响应式设计：界面必须适配多种屏幕尺寸，包括计算机桌面、平板电脑和手机。

（3）创新性：在保持瀑布流样式布局的基础上，引入至少一个创新的设计元素或功能，例如独特的过滤机制、交互动画或其他互动特性。

（4）可访问性：考虑色盲用户、低视力用户等，确保遵守无障碍设计的最佳实践。

（5）性能考量：优化图片加载策略，缩短首屏加载时间，并确保滚动性能流畅。

**提交物如下。**

完整的瀑布流样式栏目界面设计和原型（推荐使用在线工具如 Figma，Marvel，InVision 等）文档，包含概述设计理念、创新元素、响应式设计实现、可访问性措施和性能优化方法。

# 任务 2  设计"研学路线"界面

## 【任务描述】

基于"我的路线"界面设计，重构"研学路线"界面，打造一个直观、易用且具有吸引力的"研学路线"UI 设计，提供用户友好的操作体验和视觉享受（见图 6-2-1）。

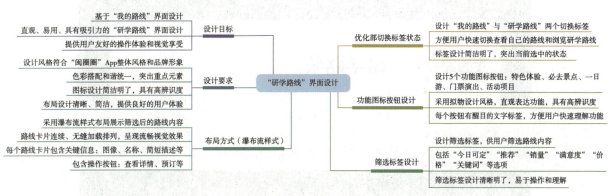

图 6-2-1

## 【任务实施】

步骤 1：选择当前画板，按"Ctrl+J"组合键复制画板，并重命名为"4-1、研学—研学路线"，如图 6-2-2 所示。

图 6-2-2

步骤 2：双击文字"我的路线"图层，修改文字大小为 32 px，文字颜色为 #565656，如图 6-2-3 所示。

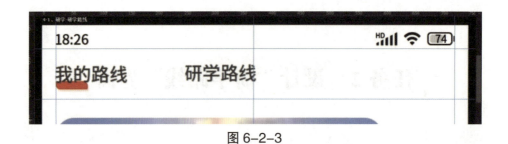

图 6-2-3

步骤3：双击文字"研学路线"图层，修改文字大小为 40 px，文字颜色为 #303030，向左平移，与文字"我的路线"间距为 72px，如图 6-2-4 所示。

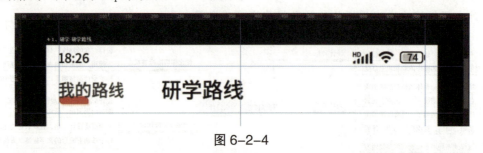

图 6-2-4

步骤4：选择形状图层，向右平移至文字"研学路线"左下角，如图 6-2-5 所示。

图 6-2-5

步骤5：删除"路线"模块、标题文字和"查看更多"按钮，如图 6-2-6 所示。

图 6-2-6

步骤 6：使用"矩形工具"，新建一个宽度为 150 px 的矩形，放置于最左边，从左边刻度拉出参考线，将画板分成 5 个区域，如图 6-2-7 所示。

图 6-2-7

步骤 7：使用"横排文字工具"，输入文字"特色体验"，单击顶部"居中对齐"按钮，字体设置为思源黑体 Regular，文字大小为 28 px，文字颜色为 #565656，放置于第一块区域中，水平居中对齐，如图 6-2-8 所示。

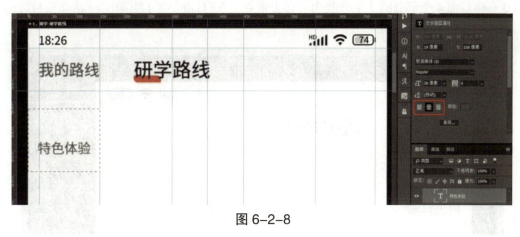

图 6-2-8

步骤 8：选择当前文字，按住 Alt 键向右平移复制 4 次，选择最后区域的文字，选择"矩形框选工具"，框选最后区域，单击"顶部水平居中"按钮，如图 6-2-9 所示。

图 6-2-9

步骤 9：选择全部文字，单击顶部"水平居中分布"按钮，如图 6-2-10 所示。

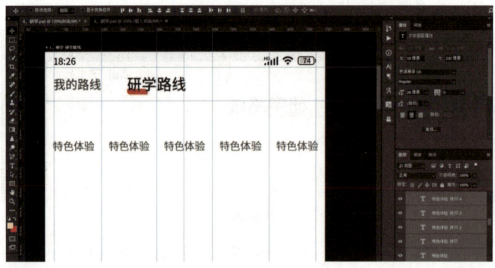

图 6-2-10

步骤 10：将后面 4 个部分的文字修改为"必去景点""一日游""门票演出""活动项目"，如图 6-2-11 所示。

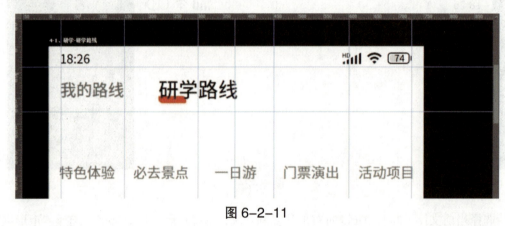

图 6-2-11

步骤 11：使用"圆角矩形工具"，新建一个宽 × 高为 56 px × 56 px、圆角半径为 20 px 的圆角矩形，填充色修改为线性渐变色，色标颜色值为 #e24020 ~ #ff512f，角度为 90 度，与文字"特色体验"水平居中对齐，间距为 16 px，如图 6-2-12 所示。

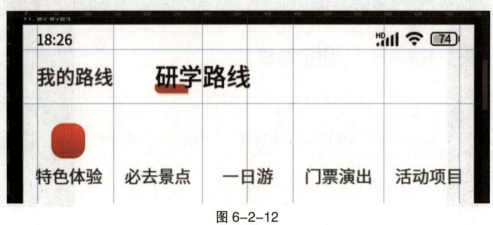

图 6-2-12

步骤 12：选择"文件"→"置入嵌入对象"选项，导入下载好的图标素材，使用"Ctrl+T"组合键调整大小为 28 px × 26 px，添加图层样式——颜色叠加，将颜色修改为白色，如图 6-2-13 所示。

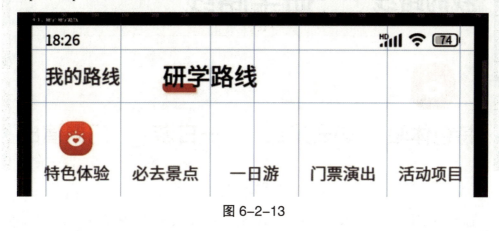

图 6-2-13

步骤 13：选择圆角矩形，按"Ctrl+J"组合键复制图层，向右平移至文字"必去景点"居中位置，填充色修改为无颜色，设置描边为 2 px，颜色为 #ffc447，将图层置于顶层，如图 6-2-14 所示。

图 6-2-14

步骤 14：选择"文件"→"置入嵌入对象"选项，导入下载好的图标素材，使用"Ctrl+T"组合键调整大小为 32 px × 22 px，添加图层样式——颜色叠加，颜色修改为 #ffc447，与圆角矩形水平垂直居中对齐，如图 6-2-15 所示。

图 6-2-15

步骤 15：复制圆角矩形，向右平移至文字"一日游"上方，水平居中对齐，将描边颜色修改为 #4ebef6，如图 6-2-16 所示。

图 6-2-16

步骤 16：选择"文件"→"置入嵌入对象"选项，导入下载好的图标素材，使用"Ctrl+T"组合键调整大小为 24 px × 26 px，添加图层样式——颜色叠加，颜色修改为 #4ebef6，与圆角矩形水平垂直居中对齐，如图 6-2-17 所示。

图 6-2-17

步骤 17：复制圆角矩形，向右平移至文字"门票演出"上方，水平居中对齐，将描边颜色修改为 #b492eb，如图 6-2-18 所示。

图 6-2-18

步骤 18：选择"文件"→"置入嵌入对象"选项，导入下载好的图标素材，使用"Ctrl+T"组合键调整大小为 32 px × 20 px，添加图层样式——颜色叠加，颜色修改为 #b492eb，与圆角矩形水平垂直居中对齐，如图 6-2-19 所示。

图 6-2-19

步骤 19：复制圆角矩形，向右平移至文字"活动项目"上方，水平居中对齐，将描边颜色修改为#64d5be，如图 6-2-20 所示。

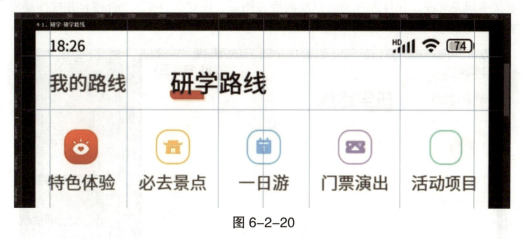

图 6-2-20

步骤 20：选择"文件"→"置入嵌入对象"选项，导入下载好的图标素材，使用"Ctrl+T"组合键调整大小为 26 px × 26 px，添加图层样式——颜色叠加，颜色修改为 #64d5be，与圆角矩形水平垂直居中对齐，如图 6-2-21 所示。

图 6-2-21

步骤 21：使用"直线工具"，新建一条长度为 750 px 的直线，粗细为 2 px，双击直线图层，修改填充色为 #f7f7f7，与文字间距为 32 px，如图 6-2-22 所示。

图 6-2-22

步骤22：使用"矩形工具"，新建一个宽 × 高为 112 px × 2 px 的矩形，填充色为 #e44121，放置于直线上，与文字居左对齐，并且选择当前模块的所有图层，按 "Ctrl+G" 组合键合并成图层组，重命名为"导航图标"，如图 6-2-23 所示。

图 6-2-23

步骤23：使用"横排文字工具"，输入文字"今日可订"，字体为思源黑体 Regular，文字大小为 24 px，文字颜色为 #565656，对齐左边参考线，与直线间距为 24 px，如图 6-2-24 所示。

图 6-2-24

步骤24：选择当前文字，按住 Alt 键向右平移复制，修改文字为"推荐"，修改字体为思源黑体 Medium，修改颜色为 #e24020，如图 6-2-25 所示。

图 6-2-25

步骤 25：选择文字"今日可订"，向右平移复制，放置于文字"推荐"右边，修改文字为"销量优先"，如图 6-2-26 所示。

图 6-2-26

步骤 26：选择文字"销量优先"，向右平移复制，修改文字为"高满意度"，如图 6-2-27 所示。

图 6-2-27

步骤 27：选择文字"高满意度"，向右平移复制，修改文字为"价格"并与最后区域水平居中对齐，如图 6-2-28 所示。

图 6-2-28

步骤 28：选择全部文字，单击顶部"水平居中分布"按钮，如图 6-2-29 所示。

图 6-2-29

步骤 29：使用"多边形工具"，将边数修改为 3，新建一个宽 × 高为 10 px × 10 px 的三角形，填充色修改为 #565656，与右边参考线对齐，如图 6-2-30 所示。

图 6-2-30

步骤 30：使用"路径选择工具"，单击三角形，按住 Alt 键向下垂直移动复制，与三角形间距为 2px，按"Ctrl+T"组合键，单击鼠标右键，选择"垂直翻转"选项，如图 6-2-31 所示。

图 6-2-31

步骤 31 ：选择上方直线，按住 Alt 键向下垂直移动复制，与文字间距为 24 px，调整图层至顶层，并且选择文字和当前直线，按"Ctrl+G"组合键合并成图层组，重命名为"二级导航"，如图 6-2-32 所示。

图 6-2-32

步骤 32 ：使用"圆角矩形工具"，新建一个宽 × 高为 136 px × 56 px、圆角半径为 4 px，填充色为 #f3f4f8，与参考线居左对齐，与直线间距为 28 px，如图 6-2-33 所示。

图 6-2-33

步骤 33 ：使用"横排文字工具"，输入文字"亲子乐园"，字体为思源黑体 Regular，文字大小为 24 px，文字颜色为 #565656，与圆角矩形水平垂直居中对齐，如图 6-2-34 所示。

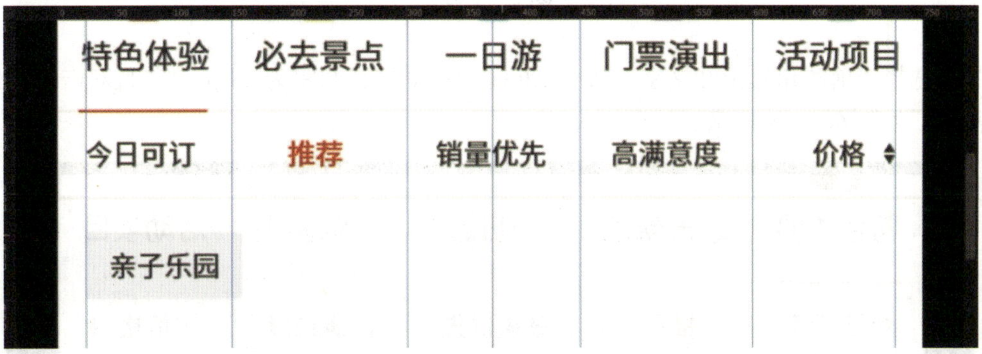

图 6-2-34

步骤 34 ：选择圆角矩形和文字，按住 Alt 键向右平移，间距为 24 px，并且修改文字为"泡温泉"，与圆角矩形水平垂直居中对齐，如图 6-2-35 所示。

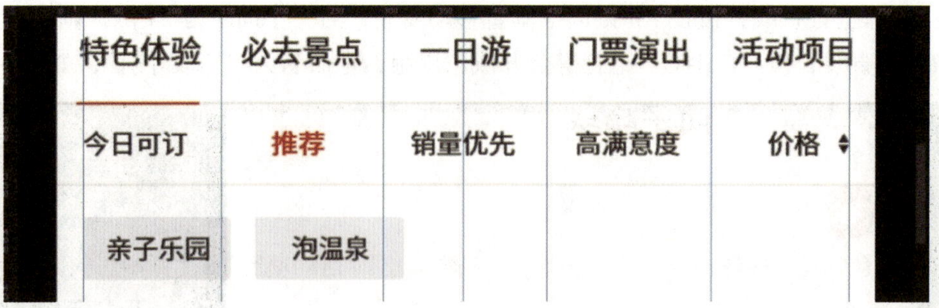

图 6-2-35

步骤 35：选择当前圆角矩形和文字，按住 Alt 键向右平移，间距为 24 px，将圆角矩形宽度调整为 200px，如图 6-2-36 所示。

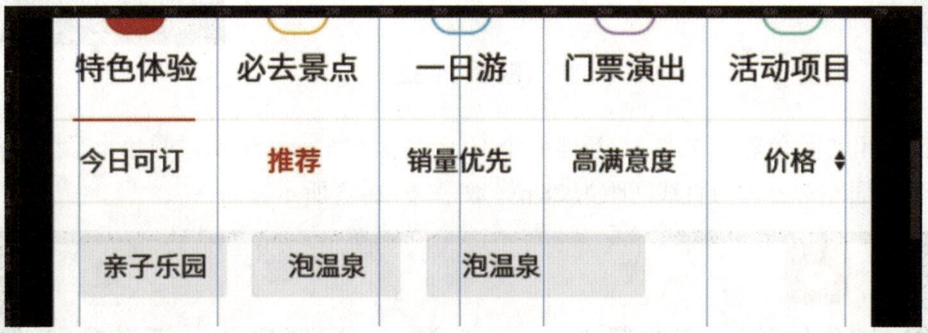

图 6-2-36

步骤 36：选择文字，双击修改文字为"最美大学厦大"，如图 6-2-37 所示。

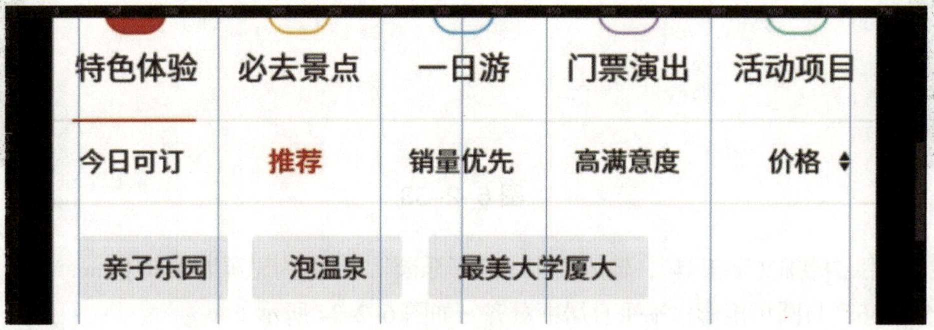

图 6-2-37

步骤 37：选择当前圆角矩形和文字，按住 Alt 键向右平移，间距为 24 px，并且双击文字修改为"文艺渔村曾厝垵"，如图 6-2-38 所示。

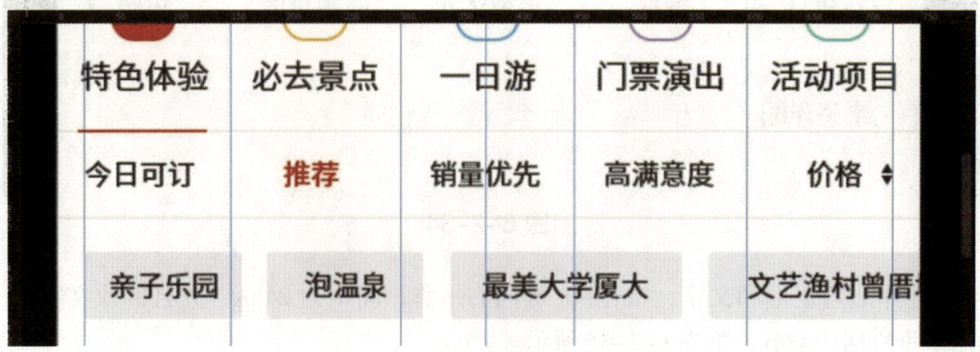

图 6-2-38

步骤 38：选择文字 "最美大学厦大"，修改文字颜色为 #e24020，如图 6-2-39 所示。

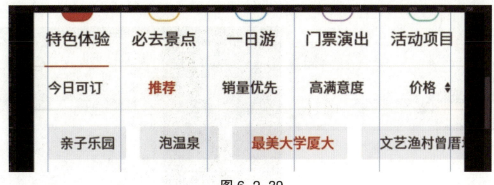

图 6-2-39

步骤 39：选择圆角矩形，修改填充色为 #ffece6，设置形状描边为 1 px，颜色为 #e24020，并且选择全部圆角矩形和文字图层，按 "Ctrl+G" 组合键，合并成图层组，重命名为 "条件筛选"，如图 6-2-40 所示。

图 6-2-40

步骤 40：选择 "路线推荐" 图层组，调整图层组至顶层，重命名为 "列表 1"，与上方间距为 40 px，如图 6-2-41 所示。

图 6-2-41

129

步骤41：选择当前图层组，按住 Alt 键向下垂直移动复制，间距为 48 px，重命名为"列表2"，如图 6-2-42 所示。

图 6-2-42

步骤42：删除文字"14人出游"和直线，并双击"100%满意"图层，修改文字为"3人出游"并且向右平移，如图 6-2-43 所示。

图 6-2-43

步骤43：更换图片。选择图片图层，删除当前图片，选择"文件"→"置入嵌入对象"选项，调整合适的大小，移动鼠标到图片图层和圆角矩形图层中间并按住 Alt 键，单击创建剪切蒙版，如图 6-2-44 所示。

图 6-2-44

步骤44：按住 Shift 键选择底部圆角矩形、图标以及文字，按 Delete 键删除评论，如图 6-2-45 所示。

图 6-2-45

步骤 45：选择"列表 2"图层组，按住 Alt 键向下垂直移动复制，重命名为"列表 3"，如图 6-2-46 所示。

图 6-2-46

步骤 46：更换图片。选择图片图层，删除当前图片，选择"文件"→"置入嵌入对象"选项，调整合适的大小，移动鼠标到图片图层和圆角矩形图层中间并按住 Alt 键，单击创建剪切蒙版，如图 6-2-47 所示。

图 6-2-47

步骤 47：选择标签栏图层组，使用 "Shift+Ctrl+]" 组合键将图层组置于顶层，如图 6-2-48 所示。

图 6-2-48

## 【学习复盘】

回顾 "研学路线" 界面设计中，不同图标的尺寸，一级标题、二级标题、正文等文字大小，完成表 6-2-1。

表 6-2-1

| 图标名称 | 尺寸 | 使用色系 |
|---|---|---|
|  |  |  |
|  |  |  |
| 字体名称 | 字体类型 | 尺寸 |
|  |  |  |
|  |  |  |

## 【拓展练习】

使用宫格布局方式对 "研学路线" 界面进行重构。

## 任务 3  设计"路线详情"界面

### 【任务描述】

本任务的目标是打造一个详细、直观且用户友好的"路线详情"界面。该界面需要展现路线的所有关键信息，并提供用户操作的功能，确保用户在浏览路线详情时能够获得流畅且一体化的体验（见图 6-3-1）。

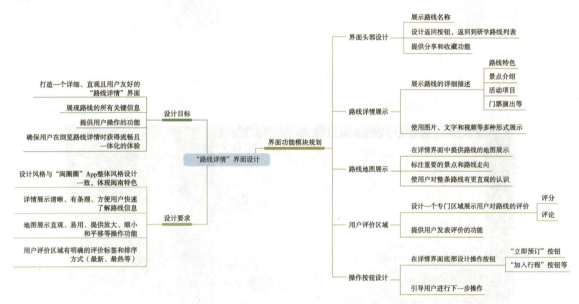

图 6-3-1

### 【任务实施】

步骤 1：选择当前画板，按"Ctrl+J"组合键复制画板，重命名为"4-2、研学—路线详情"，如图 6-3-2 所示。

图 6-3-2

步骤 2：删除多余内容（只保留状态栏与"我的路线"），使用"矩形工具"，新建一个宽 × 高为 750 px × 498 px 的矩形，按"Shift+Ctrl+["组合键将其置于底层，如图 6-3-3 所示。

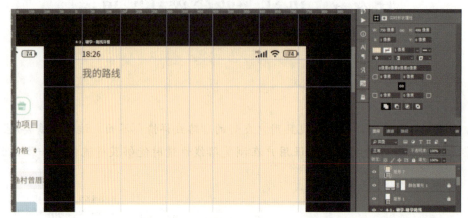

图 6-3-3

步骤 3：选择"文件"→"置入嵌入对象"选项，导入图片素材，调整至合适的大小，将鼠标移动到图片图层与矩形图层之间并按住 Alt 键，单击创建剪切蒙版，如图 6-3-4 所示。

图 6-3-4

步骤 4：选择状态栏图层组，添加图层样式——颜色叠加，将颜色修改为白色，如图 6-3-5 所示。

图 6-3-5

步骤 5：双击"我的路线"文字图层，修改文字为"路线详情"，颜色为白色，向右平移至合适位置，如图 6-3-6 所示。

图 6-3-6

步骤 6：导入下载好的"返回"图标，使用"Ctrl+T"组合键调整大小为 40 px×26 px，添加图层样式——颜色叠加，将颜色修改为白色，对齐左边参考线，与文字垂直居中对齐，并且调整文字位置，与图标间距为 24 px，如图 6-3-7 所示。

图 6-3-7

步骤 7：解锁底部颜色填充图层并双击，修改填充色为 #f7f7f7，如图 6-3-8 所示。

图 6-3-8

步骤 8：使用"圆角矩形工具"，新建一个宽 × 高为 702 px×312 px、圆角半径为 12 px 的圆角矩形，填充色为白色，与画板水平居中对齐，与上方图片间距为 24px，如图 6-3-9 所示。

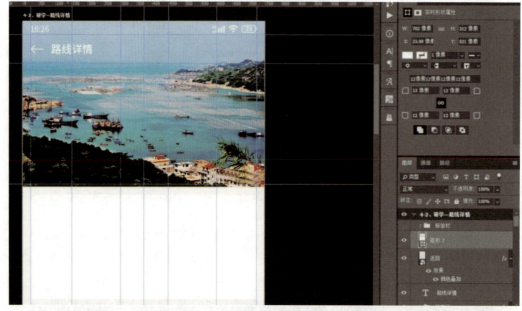

图 6-3-9

步骤 9：使用"横排文字工具"，输入"¥258.00"，字体为思源黑体 Medium，文字大小为 48 px，文字颜色为 #ff1010，如图 6-3-10 所示。

图 6-3-10

步骤 10：选择文字"¥"，修改字体为思源黑体 Regular，修改文字大小为 24 px，调整文字与圆角矩形左边间距为 24 px，与顶边间距为 32 px，如图 6-3-11 所示。

图 6-3-11

步骤 11：选择当前文字图层，按"Ctrl+J"组合键复制图层，将文字修改为"起"，字体为思源黑体 Regular，文字大小为 24 px，与左边文字底边对齐，间距为 8px，如图 6-3-12 所示。

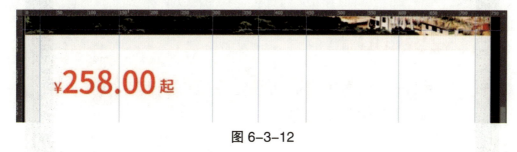

图 6-3-12

步骤 12：选择"横排文字工具"，拖动鼠标，建立文字框，输入文字"5 月 1 日'闽南传奇'研学之旅　厦门+土楼 3 天 2 晚　两晚包住专车接送"，字体为思源黑体 Regular，文字大小为 32 px，文字颜色为 #565656，与价格文字间距为 48 px，居左对齐，如图 6-3-13 所示。

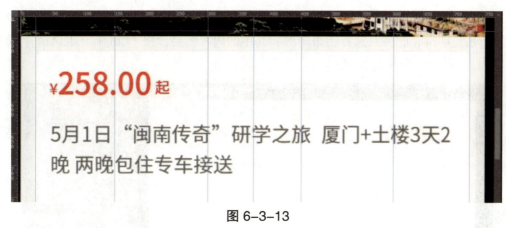

图 6-3-13

步骤 13：选择"文件"→"置入嵌入对象"选项，导入定位图标素材，调整大小为 26 px×28 px，与文字间距为 38 px，居左对齐，如图 6-3-14 所示。

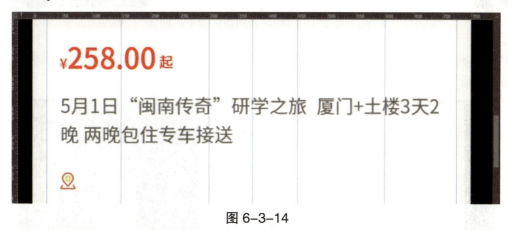

图 6-3-14

步骤 14：使用"横排文字工具"，输入文字"厦门出发"，字体为思源黑体 Regular，文字大小为 28 px，文字颜色为 #8e8e8e，与图标垂直居中对齐，间距为 16 px，如图 6-3-15 所示。

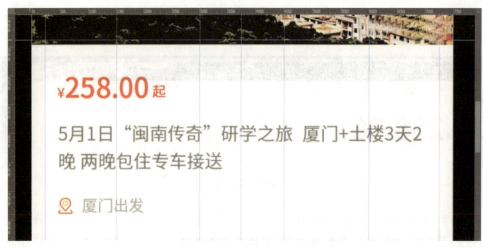

图 6-3-15

步骤 15：选择当前文字，按住 Alt 键向右平移复制，修改文字为"256 人报名"，修改文字大小为 24 px，与右边间距为 24 px，并且选择圆角矩形和其中的内容图层，按"Ctrl+G"组合键合并成图层组，重命名为"路线信息"，如图 6-3-16 所示。

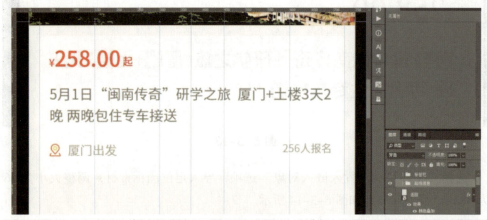

图 6-3-16

步骤 16：选择底部圆角矩形，按"Ctrl+J"组合键复制图层，将图层放置于当前图层组之上，并且向下垂直移动至间距为 24 px 处，如图 6-3-17 所示。

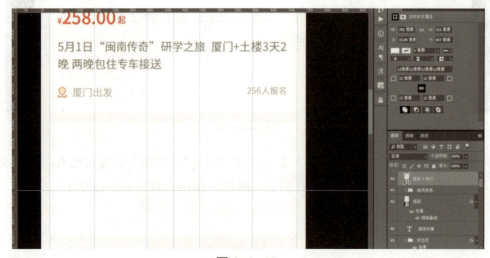

图 6-3-17

步骤 17：使用"横排文字工具"，输入文字"选择人数"，字体为思源黑体 Regular，文字大小为 24 px，文字颜色为 #8e8e8e，与圆角矩形顶边间距为 38 px，与左边间距为 24 x，如图 6-3-18 所示。

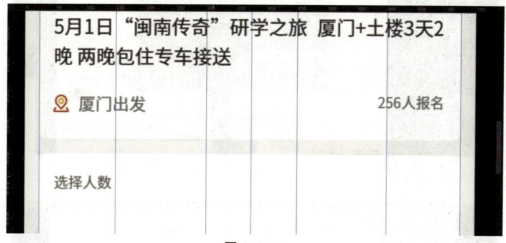

图 6-3-18

步骤 18：选择当前文字，按住 Alt 键向右平移复制，修改文字为"大人 1，小孩 1"，修改文字大小为 28 px，修改文字颜色为 #565656，与顶边间距为 36 px，与文字间距为 32px，如图 6-3-19 所示。

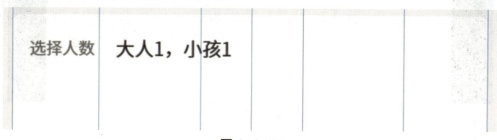

图 6-3-19

步骤 19：选择"研学—我的行程"界面，选择"查看更多"按钮右侧的箭头图标图层，单击鼠标右键，选择"复制图层"选项，选择"研学—路线详情"画板，移动到当前圆角矩形当中，与文字垂直居中对齐，与右边间距为 24 px，如图 6-3-20 ~ 图 6-3-22 所示。

图 6-3-20

图 6-3-21

图 6-3-22

步骤 20：使用"直线工具"，新建一条长度为 556 px、粗细为 2 px 的直线，填充色为 #f7f7f7，与文字"大人 1，小孩 1"间距为 36 px，与圆角矩形居右对齐，如图 6-3-23 所示。

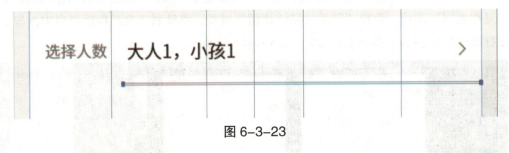

图 6-3-23

步骤 21：按住 Shift 键选择文字和箭头，按住 Alt 键向下垂直移动复制，与直线间距为 36 px，如图 6-3-24 所示。

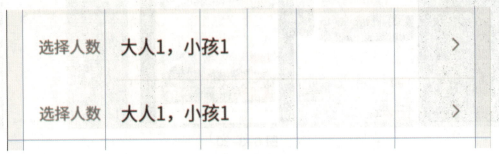

图 6-3-24

步骤 22：双击"选择人数"文字图层，修改文字为"出发地点"，如图 6-3-25 所示。

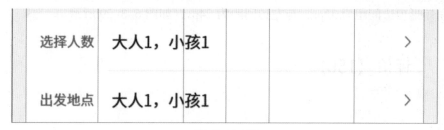

图 6-3-25

步骤 23：双击"大人 1，小孩 1"文字图层，修改文字为"厦门湖里万达广场公交车站"，如图 6-3-26 所示。

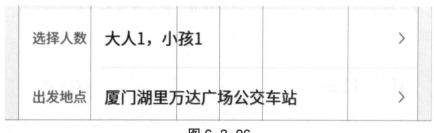

图 6-3-26

步骤 24：选择底部圆角矩形，在属性栏中将高度修改为 199 px，并选择当前圆角矩形和其中的内容图层，按"Ctrl+G"组合键合并成图层组，重命名为"条件选择"，如图 6-3-27 所示。

图 6-3-27

步骤 25：选择底部圆角矩形图层，按"Ctrl+J"组合键复制图层，调整图层至当前图层组上层，并向下垂直移动至间距为 24px 处，如图 6-3-28 所示。

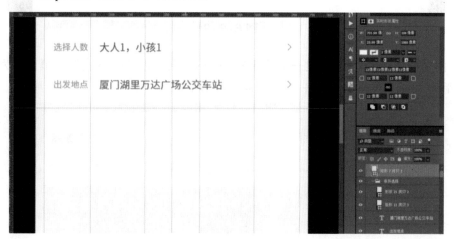

图 6-3-28

步骤 26：使用"横排文字工具"，输入文字"评价（156）"，文字大小为 32 px，文字颜色为 #303030，与圆角矩形顶边间距为 32px，与左边间距为 24px，如图 6-3-29 所示。

图 6-3-29

步骤 27：选择当前文字，按住 Alt 键往右平移复制，修改文字为"查看全部"，修改文字大小为 24 px，修改文字颜色为 #e24020，如图 6-3-30 所示。

图 6-3-30

步骤 28：选择上方"条件选择"图层组中的箭头图标，按"Ctrl+J"组合键复制图层，放置于"查看全部"图层之上，使用"移动工具"，向下垂直移动，并与文字垂直居中对齐，双击图层，修改填充色为 #e24020，调整文字与箭头间距为 8px，如图 6-3-31 所示。

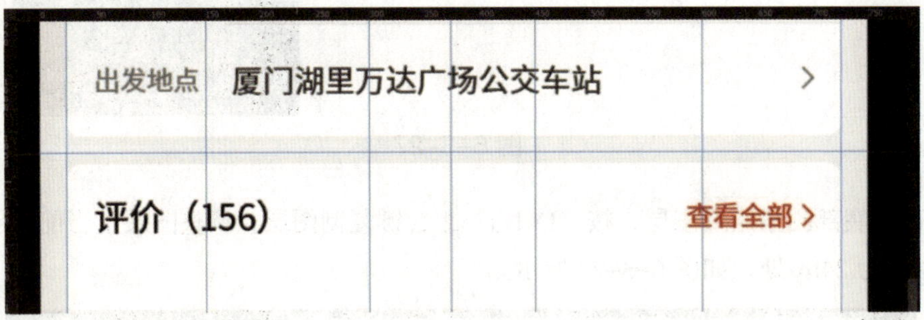

出发地点　厦门湖里万达广场公交车站　　　　　　　　　　＞

评价（156）　　　　　　　　　　　　　　　查看全部 ＞

图 6-3-31

步骤 29：使用"直线工具"，新建一条长度为 654 px、粗细为 2 px 的直线，填充色为 #f7f7f7，与圆角矩形顶边间距为 98 px，水平居中对齐，如图 6-3-32 所示。

图 6-3-32

步骤 30：选择"研学—我的行程"画板，找到"头像"图层，单击鼠标右键，选择"复制图层"选项，选择"研学—路线详情"图层并且调整相应的位置，与直线间距为 32 px，与左边间距为 24 px，如图 6-3-33 ~ 图 6-3-35 所示。

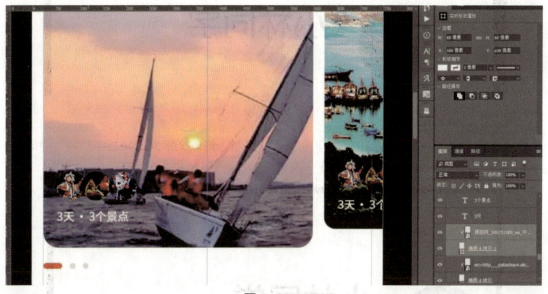

图 6-3-33

图 6-3-34

图 6-3-35

步骤 31：选择"评价（156）"文字图层，按"Ctrl+J"组合键复制图层，修改文字为"小林同学"，文字大小 28 px，与左边圆形间距为 24 px，选择文字和圆形图层，单击顶部的"顶边对齐"按钮，如图 6-3-36 所示。

图 6-3-36

步骤 32：选择当前文字，按住 Alt 键向下垂直移动复制，修改文字为 "2022-03-24"，修改文字大小为 24 px，修改文字颜色为 #8e8e8e，与上方文字间距为 16 px，如图 6-3-37 所示。

图 6-3-37

步骤 33：使用 "横排文字工具"，输入文字 "这次的研学让我学习到了很多闽南传统文化，老师很细心给我们讲解，好开心。"，与时间文字间距为 40 px，与左边间距为 24px，文字大小为 24 px，文字颜色为 #303030，如图 6-3-38 所示。

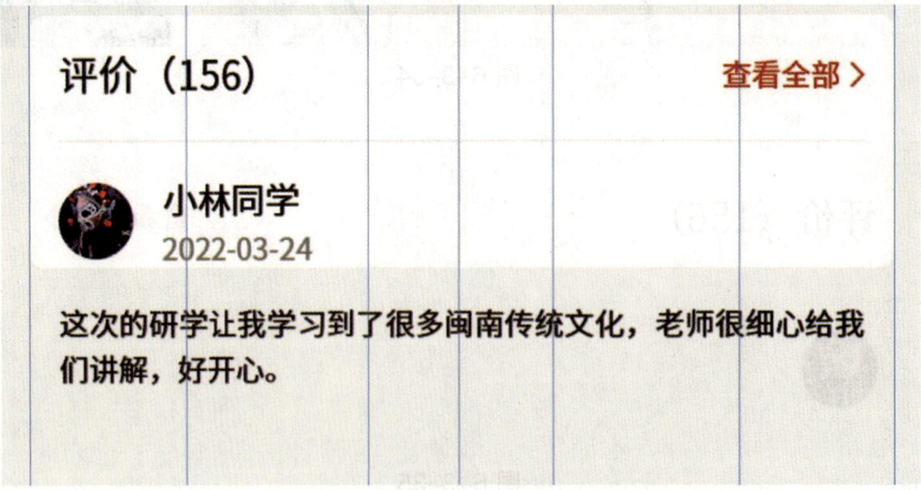

**评价（156）** 查看全部 >

小林同学
2022-03-24

这次的研学让我学习到了很多闽南传统文化，老师很细心给我们讲解，好开心。

图 6-3-38

步骤 34：使用 "圆角矩形工具"，新建一个宽 × 高为 150 px × 150 px、圆角半径为 8 px 的圆角矩形，与文字间距为 24 px，居左对齐，如图 6-3-39 所示。

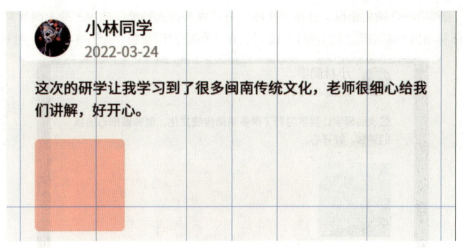

图 6-3-39

步骤 35：选择当前圆角矩形，按住 Alt 键向右平移复制，间距为 18 px，如图 6-3-40 所示。

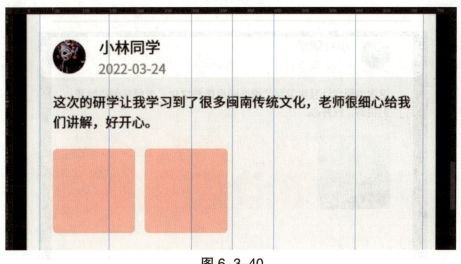

图 6-3-40

步骤 36：选择当前圆角矩形，按住 Alt 键向右平移复制，间距为 18 px。用同样的操作复制 2 个圆角矩形，如图 6-3-41 所示。

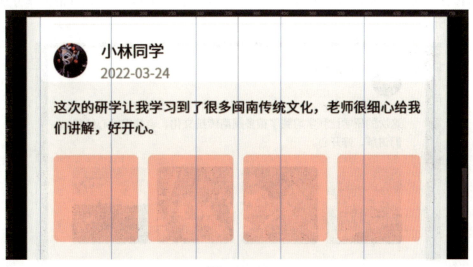

图 6-3-41

步骤 37 ：选择第一个圆角矩形，选择"文件"→"置入嵌入对象"选项，导入图片素材，调整至合适的大小，鼠标移动到两个图层之间并按住 Alt 键，单击创建剪切蒙版，如图 6-3-42、图 6-3-43 所示。

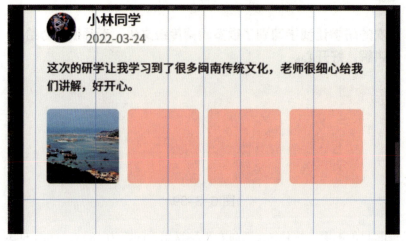

图 6-3-42

图 6-3-43

步骤 38 ：选择第二个圆角矩形，选择"文件"→"置入嵌入对象"选项，导入图片素材，调整至合适的大小，鼠标移动到两个图层之间并按住 Alt 键，单击创建剪切蒙版。用同样的操作分别导入图片素材，如图 6-3-44 所示。

图 6-3-44

步骤 39：选择底层圆角矩形，在属性栏中将高度修改为 508 px，并选择圆角矩形中的所有图层，按 "Ctrl+G" 组合键合并成组，重命名为 "评价"，如图 6-3-45 所示。

图 6-3-45

步骤 40：使用 "横排文字工具"，输入文字 "路线详情"，修改字体为思源黑体 Regular，修改文字大小为 28 px，修改文字颜色为 #8e8e8e，与画板水平居中对齐，与圆角矩形间距为 48 px，如图 6-3-46 所示。

图 6-3-46

步骤 41：使用 "矩形工具"，新建一个宽 × 高为 70 px×2 px 的矩形，填充色为 #8e8e8e，放置于文字左边，与文字垂直居中对齐，间距为 24 px，如图 6-3-47 所示。

图 6-3-47

步骤 42：使用 "路径选择工具"，选择矩形并按住 Alt 键向右平移复制，放置于文字右边，如图 6-3-48 所示。

图 6-3-48

步骤 43：选择画板，在属性栏中调整画板高度为 1 948 px，如图 6-3-49 所示。

图 6-3-49

步骤 44：选择"文件"→"置入嵌入对象"选项，导入图片素材，调整至合适的大小，与上方文字间距为 48px，如图 6-3-50 所示。

图 6-3-50

步骤 45：打开标签栏图层组，删除图标和文字，留下"首页"文字向下垂直移动到画板最底部，如图 6-3-51 所示。

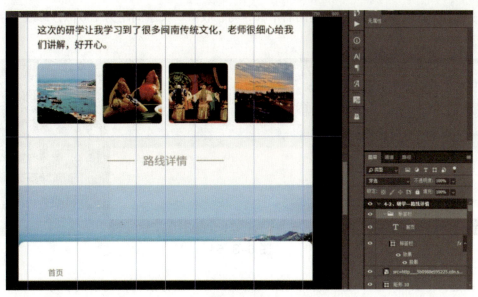

图 6-3-51

步骤 46：选择"文件"→"置入嵌入对象"选项，导入图标素材，调整大小为 40 px×34 px，与左边间距为 56 px，与顶部间距为 16 px，添加图层样式——颜色叠加，颜色为 #797979，如图 6-3-52 所示。

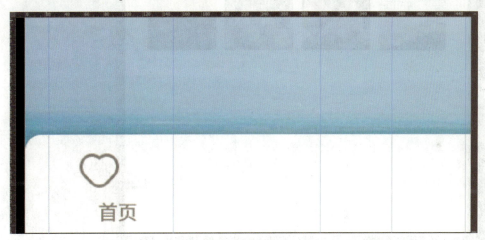

图 6-3-52

步骤 47：选择文字"首页"，双击图层修改文字为"收藏"，向左平移至图标下方并水平居中对齐，如图 6-3-53 所示。

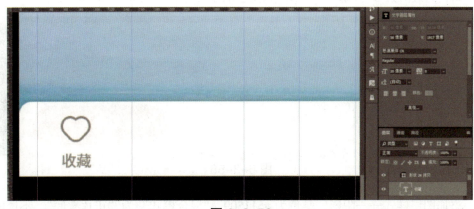

图 6-3-53

步骤 48：选择当前文字，按住 Alt 键向右平移，与"收藏"文字间距为 100 px，修改文字为"客服"，如图 6-3-54 所示。

图 6-3-54

步骤 49：选择"文件"→"置入嵌入对象"选项，导入图标素材，调整大小为 40 px×40 px，与顶部间距为 16 px，与文字"客服"水平居中对齐，添加图层样式——颜色叠加，颜色为 #797979，如图 6-3-55 所示。

图 6-3-55

步骤 50：使用"圆角矩形工具"，新建一个宽×高为 220 px×64 px、圆角半径为 32 px 的圆角矩形，填充色为 #fa4b1b，右边对齐参考线，与底层形状垂直居中对齐，如图 6-3-56 所示。

图 6-3-56

步骤 51：添加图层样式——阴影，颜色为 #511509，"混合模式"为"正片叠底"，不透明度为 30%，角度为 120 度，距离为 4 px，大小为 10 px，如图 6-3-57 所示。

图 6-3-57

步骤 52：使用"横排文字工具"，输入文字"立即报名"，文字大小为 28 px，文字颜色为白色，与圆角矩形水平垂直居中对齐，如图 6-3-58 所示。

图 6-3-58

步骤 53：选择"文件"→"置入嵌入对象"选项，导入购物车图标素材，放置于导航栏右边，对齐右边参考线，如图 6-3-59 所示。

图 6-3-59

## 【学习复盘】

根据本项目的特点，回顾在 UI 设计过程中哪些方式可以有效地优化界面大小、提高界面加载效率。

## 【拓展练习】

为了给用户带来更好的体验，需要在"路线详情"界面的内容部分增加视频展示区域，以方便后台开发人员在后台开发过程充分预留视频展示功能。

## 【学习复盘】

结合项目实际情况，与产品经理、后端开发人员充分考虑界面数据传输的安全性。

## 【拓展练习】

在支付过程中可能存在支付失败的情况，请补充设计"支付失败"提示界面。

## 【项目测评】

扫码打开多元化评价表，进行项目自检，评价主体由学生、小组与教师构成。

项目六测评

# 7

# 项目 7　互动圈界面设计

互动圈是在线社交平台的功能，专注于为用户提供一个分享、交流和互动的空间。在互动圈中，用户可以发布各种类型的内容，包括文字、图片、视频等，与朋友们共同分享研学旅行的精彩瞬间和心得体验。

## 【学习导图】

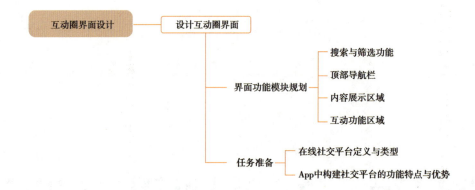

## 【学习目标】

| 知识目标 | 技能目标 | 素养目标 |
| --- | --- | --- |
| 了解在线社交平台，熟悉其功能特点与优势 | 能够独立设计和开发在线社交模块，包括界面布局、导航栏、内容展示等 | （1）培养用户体验意识，关注用户的需求和反馈，持续改进产品；<br>（2）增强团队协作精神，与其他开发人员和UI设计师紧密合作，共同完成项目；<br>（3）培养创新思维和解决问题的能力，应对项目中的挑战和难题；<br>（4）提升自我学习和持续发展的动力，关注行业动态和技术发展趋势 |

## 任务　设计互动圈界面

## 【任务描述】

　　本任务的目标是设计一个互动圈界面，让用户可以分享研学旅行内容并与其他用户进行互动，如点赞、评论、转发和关注。界面设计风格可参考微博或微信朋友圈的展示方式，注重用户体验和社交互动。

　　打开"闽圈圈"App产品原型文件，参考图7-1-1所示需求进行设计。

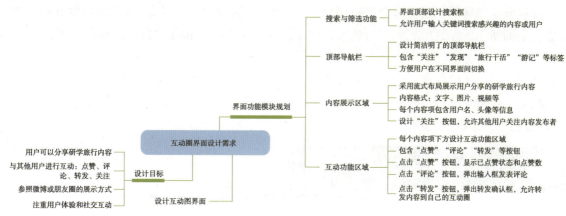

图 7-1-1

## 【任务准备】

　　在线社交平台通常也称为社交媒体（Social Media），是指基于互联网的用户关系构建的、用于内容生产与交换的平台。在线社交平台让用户能够分享他们的观点、见解、经验和信息。现阶段，主要在线社交平台包括社交网站、微博、微信、博客、论坛等，如图 7-1-2 所示。

图 7-1-2

　　广义上的在线社交平台可以包含各种类型的网络服务，例如微博、小红书，甚至抖音、快手都可以被视为在线社交平台。然而，在更普遍的含义上，通常将微信、QQ、陌陌这类应用程序定义为在线社交平台。

　　互动圈主要有以下功能特点与优势。

（1）内容分享与展示。互动圈为用户提供了一个展示自己的平台，用户可以通过发布动态的方式，将研学旅行中的所见所闻、所思所感与他人分享，让更多的人了解和欣赏自己的旅行经历，如图 7-1-3 所示。

（2）社交互动。通过点赞、评论、转发等功能，用户之间可以进行频繁的社交互动，增进彼此之间的了解和联系。这种互动不仅能够提高用户在平台上的活跃度，还能够在用户之间搭建友谊的桥梁，如图 7-1-4 所示。

图 7-1-3

图 7-1-4

（3）发现与关注。在互动圈中，用户可以浏览他人的分享，发现感兴趣的内容和用户，通过关注功能，可以方便地追踪这些用户的最新动态，持续获取他们分享的精彩内容，如图 7-1-5 所示。

（4）经验交流与互助。互动圈为用户提供了一个交流旅行经验、互帮互助的平台。用户可以通过评论、私信等方式与他人交流心得体验，分享彼此的见解和建议，从而丰富自己的旅行知识和经验，如图 7-1-6 所示。

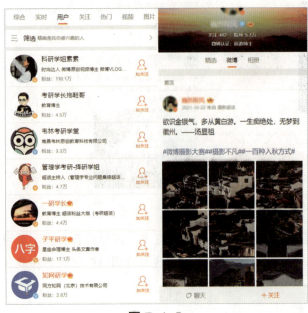

图 7-1-5

图 7-1-6

（5）增加品牌曝光与用户黏性。对于平台而言，互动圈能够延长用户在应用程序内的停留时间和提高其活跃度，以及增加用户对平台的黏性和提高其忠诚度。同时，通过用户之间的互动和分享，可以增加品牌曝光，吸引更多潜在用户的关注和加入。

## 【任务实施】

步骤1：打开"研学"文件，删除多余内容和画板，留下"研学—研学路线"画板，重命名为"5-0圈子"，选择"文件"→"储存为"选项，修改文件名称为"5、圈子"，如图7-1-7所示。

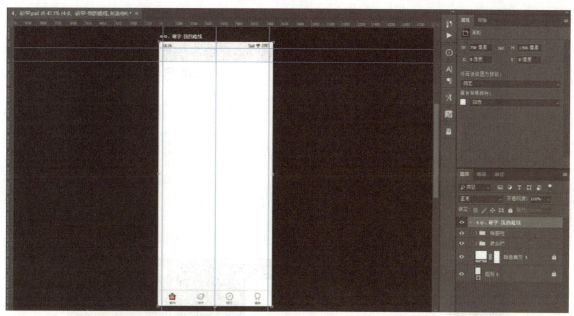

图 7-1-7

步骤2：打开"首页"文件，选择搜索框图层组，复制图层组，选择"圈子"文件，单击"确定"按钮，如图7-1-8 ~图7-1-10所示。

图 7-1-8

图 7-1-9

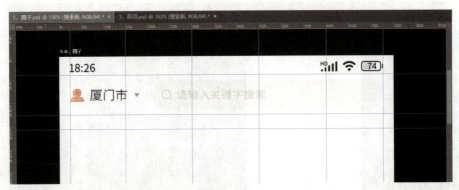

图 7-1-10

步骤 3：解锁颜色填充图层，双击图层，修改填充色为 #f7f7f7，如图 7-1-11 所示。

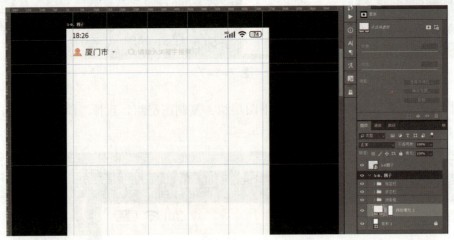

图 7-1-11

步骤 4：使用"矩形工具"，新建一个宽 × 高为 750 px×216 px 的矩形，填充色为白色，将图层置于底层，如图 7-1-12 所示。

步骤 5：使用"横排文字工具"，输入文字"关注"，字体为思源黑体 Regular，文字大小为 28 px，文字颜色为 #8e8e8e，居左对齐左边参考线，如图 7-1-13 所示。

图 7-1-12　　　　　　　　　　图 7-1-13

步骤 6：选择当前文字，按住 Alt 键向右平移复制，修改文字为"发现"文字大小为 32 px，文字颜色为 #303030，间距为 56 px，如图 7-1-14 所示。

步骤 7：使用"圆角矩形工具"，新建一个宽 × 高为 24 px×4 px、圆角半径为 2 px 的圆角矩形，与文字间距为 12 px，颜色为 #e24020，如图 7-1-15 所示。

图 7-1-14

图 7-1-15

步骤 8：使用"椭圆工具"，按住 Shift 键，拖动鼠标新建一个短轴 × 长轴为 4 px×4 px 的椭圆（亦即正圆），选择当前形状图层，与文字水平居中对齐，如图 7-1-16 所示。

步骤 9：选择文字"关注"，按住 Alt 键向右平移复制，与文字"发现"间距为 56 px，如图 7-1-17 所示。

图 7-1-16

图 7-1-17

步骤 10：选择文字"关注"，按住 Alt 键向右平移复制，与文字"发现"间距为 56 px，修改文字为"旅行干货"，如图 7-1-18 所示。

步骤 11：选择当前文字，按住 Alt 键向右平移复制，与文字"旅行干货"间距为 56 px，修改文字为"游记"，如图 7-1-19 所示。

图 7-1-18　　　　　　　　　　　　　　图 7-1-19

步骤 12：用同样的操作继续复制 2 组文字，分别为"动态""视频"，如图 7-1-20 所示。

步骤 13：选择"矩形工具"，新建一个宽 × 高为 18 px×66 px 的矩形，填充色为渐变色，色标颜色值为 #ffffff ~ #dddddd，角度为 0 度，如图 7-1-21 所示。

图 7-1-20　　　　　　　　　　　　　　图 7-1-21

步骤 14：选择当前图层，单击图层底部添加图层蒙版，选择"画笔工具"，单击矩形，为不需要的部分添加蒙版，如图 7-1-22 所示。

图 7-1-22

步骤 15：打开"首页"文件，选择其中一个箭头图标图层，单击鼠标右键，选择"复制图层"选项，选择"圈子"文件，并且调整位置，与文字垂直居中对齐，如图 7-1-23 ~ 图 7-1-25 所示。

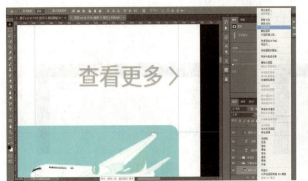

图 7-1-23

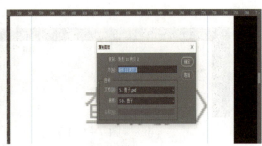

图 7-1-24

图 7-1-25

步骤 16：选择当前箭头图标，按"Ctrl+T"组合键顺时针旋转 90 度，调整大小为 16 px × 8 px，并选择当前模块的全部图层，按"Ctrl+G"组合键合并成图层组，重命名为"二级导航"，如图 7-1-26 所示。

图 7-1-26

步骤 17 :使用"圆角矩形工具"，新建一个宽 × 高为 702 px×1 162 px、圆角半径为 12 px 的圆角矩形，填充色为白色，与顶部矩形间距为 24 px，与画板水平居中对齐，如图 7-1-27 所示。

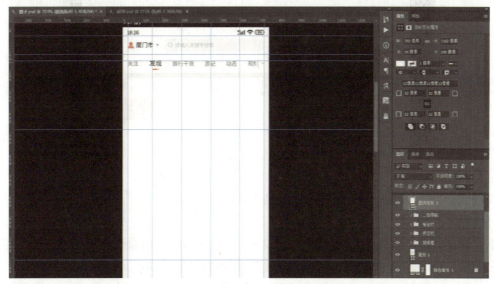

图 7-1-27

步骤 18：打开"研学"文件，找到"路线详情"界面的"评价"模块头像和名字图层，单击鼠标右键，选择"复制图层"选项，选择"圈子"文件，单击"确定"按钮，调整位置，与圆角矩形顶边间距为 32 px，与左边间距为 24 px，文字与图形垂直居中对齐，如图 7-1-28 ~ 图 7-1-30 所示，

图 7-1-28

图 7-1-29　　　　　　　　　　　　　　　　图 7-1-30

步骤 19：使用"圆角矩形工具"，新建一个宽 × 高为 124 px×50 px，圆角半径为 25px 的圆角矩形，填充色为 #e24020，与文字垂直居中对齐，与右边间距为 24 px，如图 7-1-31 所示。

图 7-1-31

　　步骤 20：使用"矩形工具"，新建一个宽 × 高为 4 px × 16 px 的矩形，与下层圆角矩形垂直居中对齐，填充色为白色，如图 7-1-32 所示。

　　步骤 21：选择"路径选择工具"，选择当前矩形，按"Ctrl+C"组合键复制，按"Ctrl+V"组合键粘贴，按"Ctrl+T"组合键，单击鼠标右键，选择相应选项顺时针旋转 90°，如图 7-1-33 所示。

　　步骤 22：使用"横排文字工具"，输入文字"关注"，字体为思源黑体 Regular，文字大小为 28 px，文字颜色为白色，与圆角矩形右边间距为 20 px，垂直居中对齐，如图 7-1-34 所示。

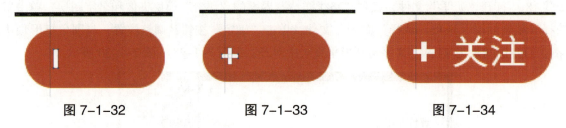

| 图 7-1-32 | 图 7-1-33 | 图 7-1-34 |

　　步骤 23：使用"横排文字工具"，输入文字"舟山旅行"，字体为思源黑体 Regular，文字大小为 28 px，文字颜色为 #303030，与上方头像间距为 32 px，居左对齐，如图 7-1-35 所示。

　　步骤 24：选择当前文字，按住 Alt 键向右平移复制，修改文字为"嵊泗东海渔村沙滩"，间距为 40 px，如图 7-1-36 所示。

　　步骤 25：选择当前文字，按住 Alt 键向右平移复制，修改文字为"游玩攻略"，间距为 40 px，如图 7-1-37 所示。

| 图 7-1-35 | 图 7-1-36 | 图 7-1-37 |

　　步骤 26：使用"直线工具"向下垂直拖动，新建一条长度为 26 px、粗细为 2 px 的直线，填充色为 #565656，与文字垂直居中对齐，放置于文字"舟山旅行"与"嵊泗东海渔村沙滩"之间，如图 7-1-38 所示。

　　步骤 27：选择当前直线，按 Alt 键向右平移复制，放置于文字"嵊泗东海渔村沙滩"与"游玩攻略"之间，如图 7-1-39 所示。

图 7-1-38 　　　　　　　　　　　　图 7-1-39

步骤 28：使用"横排文字工具"，建立文本框，输入文字"由于没有抢到去东极岛的票，我们决定前往舟山的另一个岛——嵊泗，一直以为天气会特别热，还特意准备了短裤，没想到"，字体为思源黑体 Regular，文字大小为 28 px，并且设置段落首行缩进 32 px，文字颜色为 #565656，与上方文字间距为 40 px，如图 7-1-40 所示。

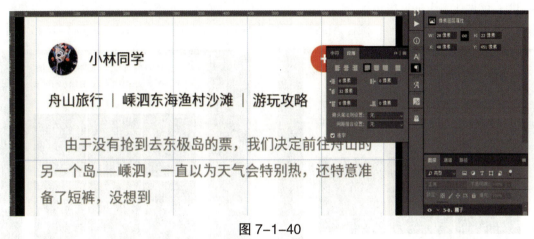

图 7-1-40

步骤 29：选择"文件"→"置入嵌入对象"选项，导入铅笔图标素材，调整大小为 28 px×20 px，放置于文字左侧，如图 7-1-41 所示。

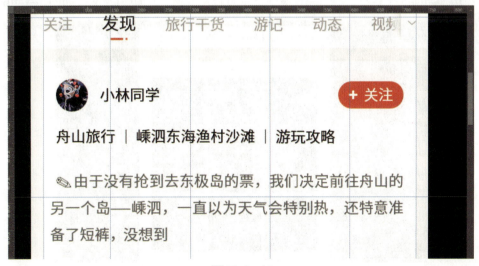

图 7-1-41

步骤 30：使用"矩形工具"，新建一个宽 × 高为 212 px×212 px 的矩形，与文字居左对齐，间距为 32 px，如图 7-1-42 所示。

步骤 31：选择当前矩形，按住 Alt 键向右平移复制，重复相同的操作，复制 2 个矩形，最后矩形与右边间距为 24 px，如图 7-1-43 所示。

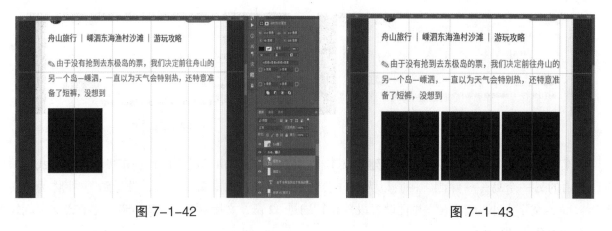

图 7-1-42                                    图 7-1-43

步骤 32：选择 3 个矩形，单击顶部的"水平居中分布"按钮，如图 7-1-44 所示。

步骤 33：选择当前 3 个矩形，按住 Alt 键向下垂直拖动复制，间距为 9 px，如图 7-1-45 所示。

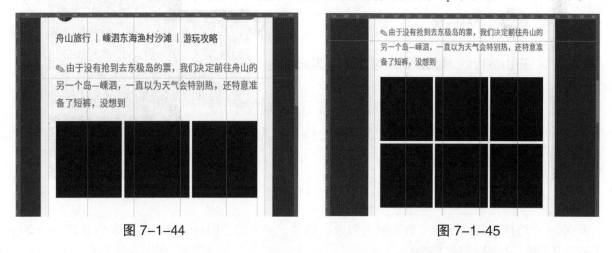

图 7-1-44                                    图 7-1-45

步骤 34：选择当前 3 个矩形，按住 Alt 键向下垂直拖动复制，间距为 9 px，如图 7-1-46 所示。

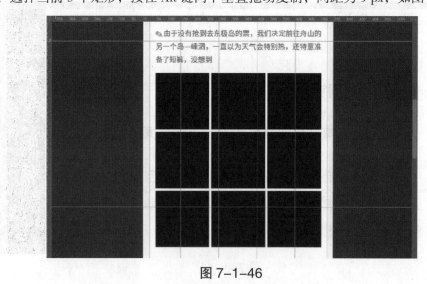

图 7-1-46

步骤 35：选择左上角矩形，修改左上角圆角半径为 16 px，如图 7-1-47 所示。

步骤 36：选择右上角矩形，修改右上角圆角半径为 16 px，如图 7-1-48 所示。

步骤 37：选择左下角矩形，修改左下角圆角半径为 16 px，如图 7-1-49 所示。

步骤 38：选择右下角矩形，修改右下角圆角半径为 16 px，如图 7-1-50 所示。

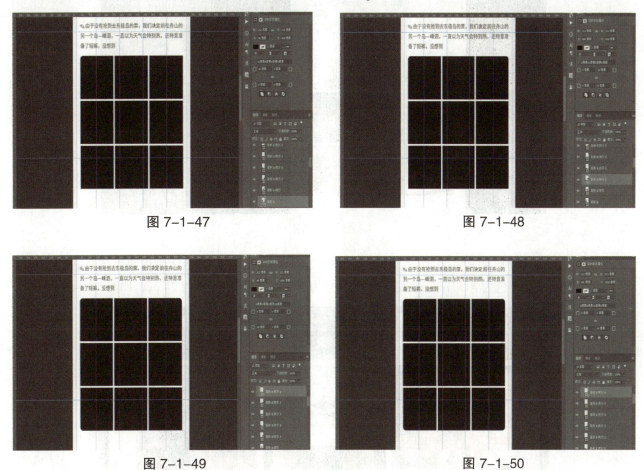

图 7-1-47　　　　　　　　　　　　　　　　图 7-1-48

图 7-1-49　　　　　　　　　　　　　　　　图 7-1-50

步骤 39：选择第一个矩形，选择"文件"→"置入嵌入对象"选项，导入图片素材，按"Ctrl+T"组合键调整至合适的大小，鼠标移动到图片图层与矩形图层之间并按住 Alt 键，单击创建剪贴蒙版，如图 7-1-51 所示。

图 7-1-51

步骤 40：用同样的操作分别导入图片，如图 7-1-52 所示。

图 7-1-52

步骤 41：使用"横排文字工具"，输入文字"# 最想和谁过周末 #"，字体为思源黑体 Regular，文字大小为 24 px，文字颜色为 #1a71dd，与上方矩形间距为 24 px，与左边间距为 24 px，如图 7-1-53 所示。

图 7-1-53

步骤 42：使用"圆角矩形工具"，新建一个宽 × 高为 194 px×46 px、圆角半径为 23 px 的圆角矩形，填充色为 #f7f7f7，与文字居左对齐，间距为 48 px，如图 7-1-54 所示。

图 7-1-54

步骤 43：选择上方"＃最想和谁过周末＃"文字图层，按"Ctrl+J"组合键复制图层，将图层置于圆角矩形上层，修改文字为"1 人觉得很赞"，修改文字颜色为 #8e8e8e，修改文字大小为 22 px，与圆角矩形垂直居中对齐，如图 7-1-55 所示。

步骤 44：选择"文件"→"置入嵌入对象"选项，导入头像素材，调整大小为 46 px×46 px，与圆角矩形垂直居中对齐，放置于左边，如图 7-1-56 所示。

图 7-1-55　　　　　　　　　　　　　　图 7-1-56

步骤 45：选择"文件"→"置入嵌入对象"选项，导入点赞图标素材，调整大小为 40 px×36 px，与圆角矩形垂直居中对齐，放置于右边，如图 7-1-57 所示。

步骤 46：选择"文件"→"置入嵌入对象"选项，导入评论图标素材，调整大小为 40 px×36 px，与点赞图标垂直居中对齐，与右边间距为 50 px，如图 7-1-58 所示。

图 7-1-57　　　　　　　　　　　　　　图 7-1-58

步骤 47：选择"文件"→"置入嵌入对象"选项，导入转发图标素材，调整大小为 38 px×38 px，与评论图标垂直居中对齐，与右边间距为 50 px，与左边间距为 24 px，如图 7-1-59 所示。

图 7-1-59

步骤 48：使用"横排文字工具"，输入数字"1"，字体为 Arial，数字大小为 20 px，数字颜色为 #303030，放置于点赞图标右上角，如图 7-1-60 所示。

图 7-1-60

步骤 49：选择底部圆角矩形，在属性栏中将高度修改为 1 202 px，并选择当前模块中的所有内容，按"Ctrl+G"组合键合并成图层组，重命名为"列表 1"，如图 7-1-61 所示。

图 7-1-61

步骤 50：选择当前图层组，按"Ctrl+J"组合键复制图层组，重命名为"列表 2"，向下垂直移动，与"列表 1"图层组间距为 24 px，如图 7-1-62 所示。

图 7-1-62

步骤 51：更换头像。选择头像图片素材，按 Delete 删除当前图片，选择"文件"→"置入嵌入对象"选项，导入图片素材，调整至合适的大小，鼠标移动到图片图层与圆形图层之间并按住 Alt 键，单击创建剪贴蒙版，如图 7-1-63 所示。

图 7-1-63

步骤 52：选择标签栏图层组，将图层组置于顶层，如图 7-1-64 所示。

图 7-1-64

步骤 53：打开图层组，隐藏"研学单击"图标，打开"研学默认"图标，打开"圈子单击"图标，隐藏"圈子默认"图标，如图 7-1-65 所示。

图 7-1-65

步骤 54：双击"研学"文字图层，修改颜色为 #797979；双击"圈子"文字图层，修改颜色为 #303030，如图 7-1-66 所示。

图 7-1-66

步骤 55：选择"文件"→"导出"→"导出为"选项（组合键为"Shift+Ctrl+Alt+W"），选择 JPG/PNG 格式，单击"导出全部"按钮，导出效果图，如图 7-1-67 所示。

图 7-1-67

## 【学习复盘】

（1）在线社交平台的主要功能有＿＿＿＿＿＿、＿＿＿＿＿＿、＿＿＿＿＿＿、＿＿＿＿＿等。

（2）根据所学知识，设计一个虚拟的在线社交平台原型功能，包括其功能特点、用户界面和操作流程等。

## 【拓展练习】

在互动圈界面的基础上，设计一个用户内容发布界面。该界面应风格简洁、操作便捷，使用户能够轻松发布内容，分享研学旅行的点滴。其设计风格应类似微信朋友圈，注重用户体验和社交性。

## 【项目测评】

扫码打开多元化评价表，进行项目自检，评价主体由学生、小组与教师构成。

项目七测评

# 项目 8 "我的"功能界面设计

**8**

在 UI 设计中，"我的"功能界面是用于展示用户个人信息和功能的界面。它通常作为 App 中的一个重要组成部分，允许用户查看和管理自己的账户设置、信息以及其他相关功能。

它通常被设计在底部菜单栏的最右侧。"我的"功能界面是 App 所有功能点的集合入口，其流量仅次于首页。用户使用软件功能时，除其他选项卡式（Tab）亮点功能外，修改/编辑个人信息、查看线上行为信息、设置 App 通用功能、掌握线上活动、查看商城订单、联系平台方等都需要通过"我的"功能界面进行操作。本项目内容为设计"闽圈圈"App"我的"功能界面。

【学习导图】

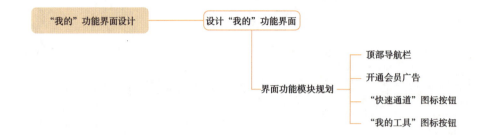

【学习目标】

| 知识目标 | 技能目标 | 素养目标 |
|---|---|---|
| （1）了解和掌握图标等视觉设计元素在 UI 设计中的应用；<br>（2）理解和掌握 UI 设计的基本原则和规范；<br>（3）理解和掌握用户体验设计的基本理念和方法，以便设计出更符合用户需求和期望的"我的"功能界面 | （1）能够独立完成"我的"功能界面的设计任务，包括界面布局、元素设计、交互设计等；<br>（2）熟练掌握并运用 UI 设计原则和规范，设计出符合用户期望和需求的"我的"功能界面；<br>（3）运用合适的颜色、字体、图标等视觉元素，设计出美观且具有吸引力的"我的"功能界面 | （1）培养细心、耐心和精益求精的工作态度；<br>（2）培养用户至上的设计理念，始终将用户需求和体验放在首位，为用户提供更好的服务 |

【任务准备】

在当今移动应用市场竞争激烈的环境下，用户体验成为决定一个 App 成功与否的关键因素之一。在用户体验中，App 中的"我的"功能界面，承担着非常重要的角色。这个界面不仅是用户管理个人信息的地方，还是用户与 App 直接互动、建立信任和忠诚度的核心界面之一。

当今用户对于个性化服务和隐私保护的要求越来越高。因此，设计一个功能齐全、易于使用、安全可靠的"我的"功能界面成为 UI 设计师不可回避的挑战。在这个界面上，用户可以方便地管理个人信息、设置偏好、查看历史记录、管理通知等，从而实现与 App 的深度互动和个性化定制。

常见的"我的"功能界面具有表 8-1-1 所示功能。

如何设计一个优秀的
"我的"功能界面

表 8-1-1

| | | |
|---|---|---|
| 个人信息管理：用户可以在此查看和编辑个人资料，如头像、昵称、性别等 | 账户安全：提供修改账号/密码、绑定手机号码、设置安全问题等功能，保障用户账户安全 | 偏好设置：用户可以设置偏好，如主题风格、语言偏好、通知偏好等，个性化定制 App 使用体验 |
| 通知管理：管理 App 的通知权限，包括消息通知、推送通知等，确保用户及时获取重要信息 | 历史记录：查看用户的浏览历史记录、购买记录，方便用户回顾和查找已浏览内容 | 收藏夹：将感兴趣的内容收藏起来，方便用户日后查看和管理 |

续表

| 帮助与反馈：提出问题、意见或建议，并查看 App 的常见问题解答，联系客服人员进行沟通和反馈 | 关于我们：展示 App 的版本信息、团队介绍等，让用户了解更多关于 App 的信息 | 退出登录：安全退出当前账号，保障用户隐私和账户安全 |
| --- | --- | --- |

# 任务　设计"我的"功能界面

## 【任务描述】

本任务的目标是设计一个"我的"功能界面，包含用户个人信息、互动数据和一系列功能按钮，以方便用户进行签到、开通会员、快速通道操作，并管理收藏夹、优惠券、订单等信息。此外，该界面还提供"我的工具"图标按钮，方便用户浏览历史记录、管理钱包、参与会员部落等。

打开"闽圈圈"App 产品原型文件，参考图 8-1-1 所示需求进行设计。

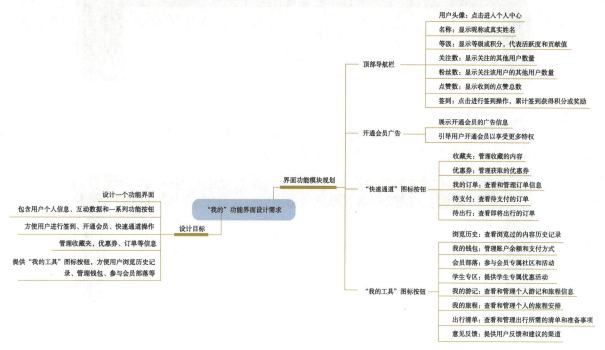

图 8-1-1

## 【任务实施】

步骤 1：打开"圈子"文件，删除多余内容，选择画板，双击画板，重命名为"6-0、我的"，选择"文件"→"另存为"选项，修改文件名称"6、我的"；解锁背景颜色填充图层，双击图层，修改填充色为白色，修改后继续锁定，如图 8-1-2 所示。

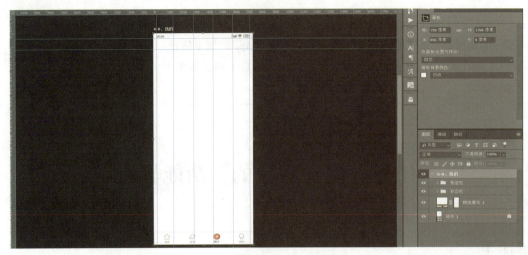

图 8-1-2

步骤 2：选择"文件"→"置入嵌入对象"选项，导入修改好的"设置"图标素材，按"Ctrl+T"组合键，调整大小为 36 px×40 px，与左边参考线对齐，垂直居中于导航栏区域，如图 8-1-3 所示。

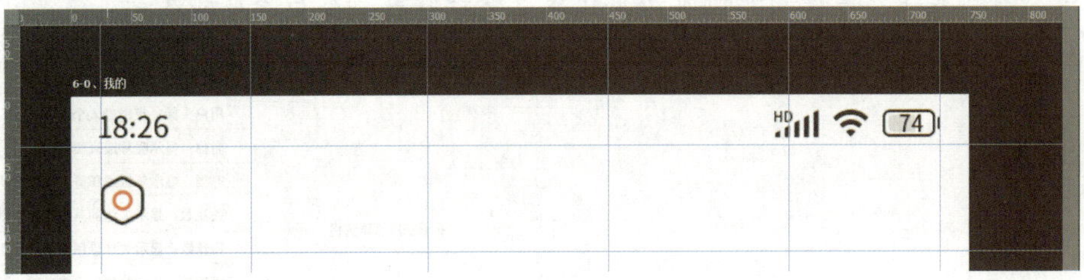

图 8-1-3

步骤 3：导入"扫一扫"图标素材，按"Ctrl+T"组合键，调整大小为 40 px×40 px，放置于右边，与右边间距为 98 px，垂直居中于导航栏区域，如图 8-1-4 所示。

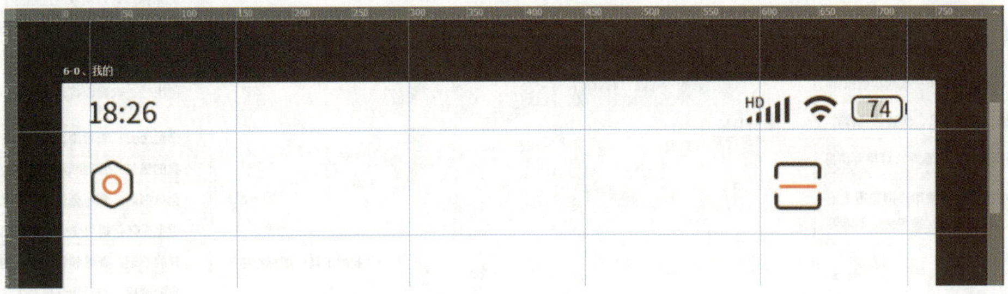

图 8-1-4

步骤 4：导入"消息"图标素材，按"Ctrl+T"组合键，调整大小为 38 px×42 px，对齐右边参考线，垂直居中于导航栏区域，如图 8-1-5 所示。

图 8-1-5

步骤 5：使用"椭圆工具"，新建一个短轴 × 长轴为 114 px × 114 px 的椭圆（亦即正圆），与上方参考线间距为 24 px，对齐左边参考线，如图 8-1-6 所示。

图 8-1-6

步骤 6：选择"文件"→"置入嵌入对象"选项，导入头像素材，按"Ctrl+T"组合键，调整至合适的大小，鼠标移动到图片图层和正圆图层之间并按住 Alt 键，单击创建剪切蒙版，如图 8-1-7 所示。

图 8-1-7

步骤 7：使用"横排文字工具"，输入文字"Hu-ShaLi"，字体为思源黑体 Regular，文字大小为 32 px，文字颜色为 #303030，与圆形间距为 24 px，如图 8-1-8 所示。

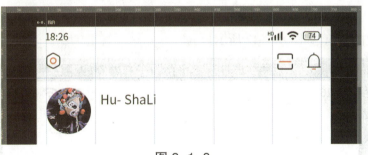

图 8-1-8

步骤 8：选择当前文字，按住 Alt 键向右平移复制，修改文字为"189****8156"，字体为思源黑体 Light，文字大小为 24 px，文字颜色为 #8e8e8e，与名称文字间距为 32 px，如图 8-1-9 所示。

图 8-1-9

步骤 9：使用"矩形工具"，新建一个宽 × 高为 84 px×40 px 的矩形，填充色为渐变色，色标颜色值为 #f5a418 ~ #ffde33，角度为 115 度，与文字间距为 32 px，如图 8-1-10 所示。

图 8-1-10

步骤 10：在属性栏中将左上角和右下角的圆角半径修改为 24px，如图 8-1-11 所示。

图 8-1-11

步骤 11：使用"横排文字工具"，输入文字"等级 1"，文字大小为 20 px，文字颜色为 #303030，与下层矩形水平垂直居中对齐，如图 8-1-12 所示。

图 8-1-12

步骤 12：选择当前文字和形状图层，按"Ctrl+J"组合键复制图层，向右平移至合适的位置，间距为 24 px，如图 8-1-13 所示。

图 8-1-13

步骤 13：选择形状图层，修改宽度为 124 px，修改填充色为 #ffe3dd，如图 8-1-14 所示。

图 8-1-14

步骤 14：双击文字图层，修改文字为"研学达人"，与下层矩形水平垂直居中对齐，修改文字颜色为 #e24020，如图 8-1-15 所示。

图 8-1-15

步骤 15：使用"横排文字工具"，输入数字"312"，数字字体为思源黑体 Medium，数字大小为 36 px，数字颜色为 #303030，与上方圆形间距为 72 px，对齐左边参考线，如图 8-1-16 所示。

图 8-1-16

步骤 16：选择当前文字，按住 Alt 键向下垂直移动复制，修改文字为"关注"，修改字体为思源黑体 Regular，修改文字大小为 24 px，修改文字颜色为 #8e8e8e，与数字水平居中对齐，间距为 24 px，如图 8-1-17 所示。

图 8-1-17

步骤 17：按住 Shift 键选择 2 组文字，按住 Alt 键向右平移复制，分别将数字和文字修改为"24""粉丝"，间距为 66 px，如图 8-1-18 所示。

图 8-1-18

步骤 18：按住 Shift 键选择当前 2 组文字，按住 Alt 键向右平移复制，分别将数字和文字修改为"36""点赞"，间距为 66 px，如图 8-1-19 所示。

图 8-1-19

步骤 19：选择"文件"→"置入嵌入对象"选项，导入"礼物"图片素材，并调整大小为 120 px × 121 px，靠右对齐，如图 8-1-20 所示。

图 8-1-20

步骤 20：使用"圆角矩形工具"，新建一个宽 × 高为 120 px × 48 px、圆角半径为 24 px 的圆角矩形，填充色为渐变色，色标颜色值为 #fbcc07 ～ #fda503，角度为 0 度，放置于图片上方，与左边文字底边对齐，如图 8-1-21 所示。

图 8-1-21

步骤 21：使用"横排文字工具"，输入文字"立即签到"，与圆角矩形水平居中对齐，文字大小为 24 px，文字颜色为白色，并选择当前模块的所有图层，按"Ctrl+G"组合键合并成图层组，重命名为"个人信息"，如图 8-1-22 所示。

图 8-1-22

步骤 22：使用"圆角矩形工具"，新建一个宽 × 高为 702 px × 98 px、圆角半径为 8px 的圆角矩形，填充色为 #2e3245；设置描边为 2 px，颜色为渐变色，两边色标颜色值为 #090a22，中间色标颜色值为 #25293c，与上面文字的间距为 60 px，如图 8-1-23 所示。

图 8-1-23

步骤 23：选择当前圆角矩形，添加图层样式——投影，颜色为 #030918，"混合模式"为"正片叠底"，不透明度为 30%，角度为 120 度，距离为 4 px，大小为 10 px，如图 8-1-24 所示。

图 8-1-24

步骤 24：选择当前圆角矩形，按"Ctrl+J"组合键复制图层，删除图层样式与描边，调整宽 × 高为 684 px × 82 px，修改填充色为渐变色，色标颜色值为 #3e435d ～ #202133，角度为 0 度，与下层圆角矩形水平垂直居中对齐，如图 8-1-25 所示。

图 8-1-25

步骤 25：选择"文件"→"置入嵌入对象"选项，导入"线条"图片素材，调整至合适的大小，添加图层样式——颜色叠加，颜色为白色，如图 8-1-26 所示。

图 8-1-26

步骤 26：选择当前图片素材，调整不透明度为 20%，鼠标移动到当前图片图层与下层圆角矩形图层之间并按住 Alt 键创建剪切蒙版，如图 8-1-27 所示。

图 8-1-27

步骤 27：选择"文件"→"置入嵌入对象"选项，导入"VIP"图片素材，调整大小为 92 px×42 px，添加图层样式——渐变叠加，色标颜色值为 #e9c468 ~ #e3cb91，角度为 48 度，与圆角矩形垂直居中对齐，与左边间距为 24 px，如图 8-1-28 所示。

图 8-1-28

步骤 28：使用"横排文字工具"，输入文字"开通会员·尊享多项特权"，字体为思源黑体 Regular，文字大小为 24 px，文字颜色为 #efd595，与左边"VIP"图片间距为 16 px，如图 8-1-29 所示。

图 8-1-29

步骤 29：使用"圆角矩形工具"，新建一个宽 × 高为 156 px × 56 px、圆角半径为 8 px 的圆角矩形，填充色为 #efd595，与圆角矩形右边间距为 24 px，垂直居中对齐，如图 8-1-30 所示。

图 8-1-30

步骤 30：使用"横排文字工具"，输入文字"立即开通"，字体为思源黑体 Regular，文字大小为 28 px，文字颜色为 #232638，与圆角矩形水平垂直居中对齐，并且选择当前模块的所有图层，按"Ctrl+G"组合键合并成图层组，重命名为"开通会员"，如图 8-1-31 所示。

图 8-1-31

步骤 31：使用"横排文字工具"，输入文字"收藏夹"，字体为思源黑体 Regular，文字大小为 28 px，文字颜色为 #565656，对齐左边参考线，与上方模块间距为 128 px，如图 8-1-32 所示。

图 8-1-32

步骤 32：选择当前文字，按住 Alt 键向右平移复制，重复同样的操作，复制 4 组文字，最后一组文字对齐右边参考线，如图 8-1-33 所示。

图 8-1-33

步骤 33：双击第二组文字图层，修改文字为"优惠券"，如图 8-1-34 所示。

图 8-1-34

步骤 34：用相同的操作，分别把文字修改为"我的订单""待支付""待出行"，如图 8-1-35 所示。

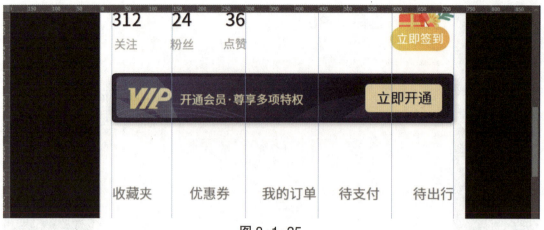

图 8-1-35

步骤 35：按住 Shift 键选择当前 5 组文字，单击顶部的"水平居中分布"按钮，如图 8-1-36 所示。

图 8-1-36

步骤 36：选择"文件"→"置入嵌入对象"选项，导入"收藏夹"图标素材，调整大小为 56 px × 54 px，与文字水平居中对齐，间距为 24 px，如图 8-1-37 所示。

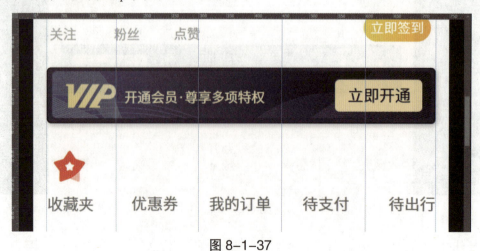

图 8-1-37

步骤 37 ：选择"文件"→"置入嵌入对象"选项，导入"优惠券"图标素材，调整大小为 56 px × 48 px，与文字水平居中对齐，间距为 28 px，如图 8-1-38 所示。

图 8-1-38

步骤 38 ：选择"文件"→"置入嵌入对象"选项，导入"我的订单"图标素材，调整大小为 46 px × 56 px，与文字水平居中对齐，间距为 24 px，如图 8-1-39 所示。

图 8-1-39

步骤 39 ：选择"文件"→"置入嵌入对象"选项，导入"待支付"图标素材，调整大小为 56 px × 52 px，与文字水平居中对齐，间距为 26 px，如图 8-1-40 所示。

图 8-1-40

步骤 40：选择"文件"→"置入嵌入对象"选项，导入"待出行"图标素材，调整大小为 42 px×58 px，与文字水平居中对齐，间距为 22 px，选择全部文字和图标图层，按"Ctrl+G"组合键合并成图层组，重命名为"订单导航"，如图 8-1-41 所示。

图 8-1-41

步骤 41：使用"圆角矩形工具"，新建一个宽 × 高为 702 px×170 px、圆角半径为 8 px 的圆角矩形，填充色为 #ffe1db，与文字"订单导航"间距为 46 px；添加图层样式——投影，颜色为 #6f0000，"混合模式"为"正片叠底"，不透明度为 15%，角度为 90 度，距离为 4 px，大小为 8 px，如图 8-1-42 所示。

图 8-1-42

步骤 42：使用"横排文字工具"，输入文字"狂发百万旅行红包"，字体为方正综艺简体，文字大小为 40 px，间距为 80 px，文字颜色为 #303030，与圆角矩形顶边间距为 46 px，与左边间距为 40 px，如图 8-1-43 图 8-1-44 所示。

图 8-1-43

步骤 43：双击当前文字图层，选择文字"百万"，修改颜色为 #e24020，如图 8-1-44 所示。

图 8-1-44

步骤 44：选择当前文字，按住 Alt 键向下垂直移动复制，修改文字为"分享好友翻倍领取"，字体为思源黑体 Regular，文字大小为 24 px，文字颜色为 #8e8e8e，与上方文字间距为 28 px，左边对齐，如图 8-1-45 所示。

图 8-1-45

步骤 45：使用"圆角矩形工具"，新建一个宽 × 高为 122 px×40 px、圆角半径为 20 px 的圆角矩形，填充色为 #f64e4e，与左边文字垂直居中对齐，间距为 32 px，如图 8-1-46 所示。

图 8-1-46

步骤 46：添加图层样式——投影，修改颜色为 #da2421，"混合模式"为"正片叠底"，不透明度为 100%，角度为 90 度，距离为 3 px，大小为 2 px，如图 8-1-47 所示。

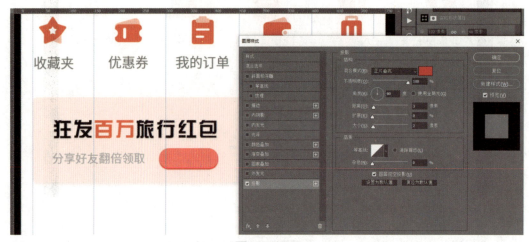

图 8-1-47

步骤 47：选择左边文字图层，按"Ctrl+J"组合键复制图层，将图层置于顶层，修改文字为"去抢红包"，文字颜色为白色，文字大小为 20 px，与圆角矩形垂直居中对齐，左边间距为 16px，如图 8-1-48 所示。

图 8-1-48

步骤 48：打开"研学"界面，复制箭头图标，按"Ctrl+T"组合键调整大小为 8 px×12 px，填充色为白色，与文字间距为 8px，如图 8-1-49 所示。

图 8-1-49

步骤 49：选择"文件"→"置入嵌入对象"选项，导入"红包"插画素材，与右侧间距为 56 px；选择当前模块的所有图层，按"Ctrl+G"组合键合并成图层组，重命名为"抢红包"，如图 8-1-50 所示。

图 8-1-50

步骤 50：使用"横排文字工具"，输入文字"我的工具"，字体为思源黑体 Medium，文字大小为 36px，文字颜色为 #303030，与上方圆角矩形间距为 72px，对齐左边参考线，如图 8-1-51 所示。

图 8-1-51

步骤 51：选择当前标题文字，按住 Alt 键向下垂直移动复制，修改文字为"浏览历史"，字体为思源黑体 Regular，文字大小为 28 px，文字颜色为 #565656，与左边间距为 40 px，如图 8-1-52 所示。

图 8-1-52

步骤 52：选择当前文字，按住 Alt 键向右平移复制，用同样的操作复制 3 组文字，最后一组文字与右边间距为 40 px，如图 8-1-53 所示。

图 8-1-53

步骤 53：双击相应文字图层，分别将文字修改为"我的钱包""会员部落""学生专区"，选择 4 组文字，单击顶部的"水平居中分布"按钮，如图 8-1-54 所示。

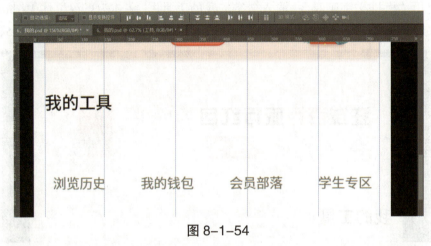

图 8-1-54

步骤 54：选择 4 组文字，按住 Alt 键向下垂直移动复制，间距为 136 px，如图 8-1-55 所示。

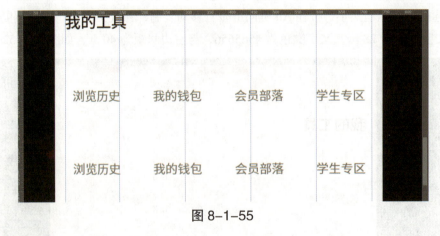

图 8-1-55

步骤 55：双击相应文字图层，分别将文字修改为"我的游记""我的旅程""出行清单""意见反馈"，选择 4 组文字，单击顶部的"水平居中分布"按钮，如图 8-1-56 所示。

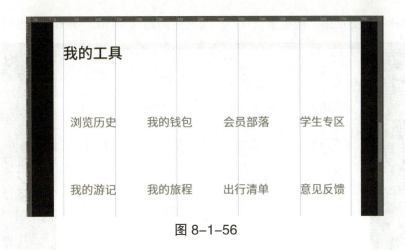

图 8-1-56

步骤 56：选择"文件"→"置入嵌入对象"选项，导入"浏览历史"图标，调整大小为 48 px×48 px，放置于文字上方，间距为 24 px，与文字水平居中对齐，如图 8-1-57 所示。

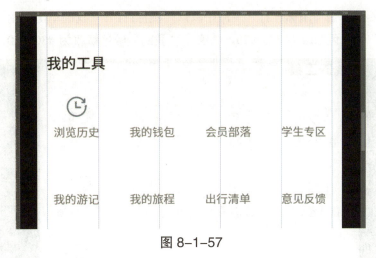

图 8-1-57

步骤 57：重复上述操作，分别导入相应的图标素材，调整至合适的大小；选择当前图标和文字，向下垂直移动，与"我的工具"标题文字间距为 64 px；选择当前模块的全部图层，按"Ctrl+G"组合键合并成图层组，重命名为"工具"，如图 8-1-58 所示。

图 8-1-58

步骤 58：选择标签栏图层组，向上垂直移动，与文字间距为 46 px，如图 8-1-59 所示。

图 8-1-59

步骤 59：隐藏"圈子单击"图标，打开"圈子默认"图标；打开"我的单击"图标，隐藏"我的默认"图标；将文字"圈子"的颜色修改为 #797979，将文字"我的"颜色修改为 #303030，如图 8-1-60 所示。

图 8-1-60

步骤 60：选择当前画板，调整高度为 1 561 px，如图 8-1-61 所示。

图 8-1-61

步骤61：选择"文件"→"导出"→"导出为"选项（组合键为"Shift+Ctrl+Alt+W"），选择 JPG/PNG 格式，单击"导出全部"按钮，导出效果图，如图 8-1-62 所示。

图 8-1-62

## 【学习复盘】

（1）"我的"功能界面的常见功能有＿＿＿＿＿＿、＿＿＿＿＿＿、＿＿＿＿＿＿、＿＿＿＿＿＿。

（2）"我的"功能界面的设计要点包括＿＿＿＿＿＿、＿＿＿＿＿＿、＿＿＿＿＿＿、＿＿＿＿＿＿等方面。

## 【拓展练习】

尝试设计一个电商 App 的"我的"功能界面，除了基本的用户信息和功能按钮外，还需要考虑如何展示用户的购买订单、收货地址以及积分和优惠券等信息。同时，思考如何通过设计提升用户的购物体验和忠诚度。

## 【项目测评】

扫码打开多元化评价表，进行项目自检，评价主体由学生、小组与教师构成。

项目八测评

# 项目 9　UI 设计输出规范与切图

【学习导图】

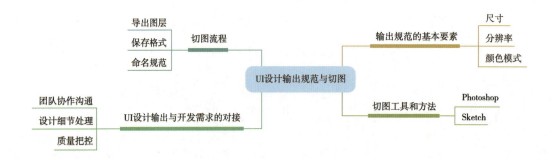

【学习目标】

| 知识目标 | 技能目标 | 素养目标 |
|---|---|---|
| （1）了解 UI 设计输出规范的重要性和作用；<br>（2）理解 UI 设计输出规范的基本要素，包括尺寸、分辨率、颜色模式等；<br>（3）掌握切图技能，将 UI 设计稿转换为可用于开发的图像资源 | （1）能够根据设计需求，制定合适的 UI 设计输出规范；<br>（2）掌握常见的切图工具和方法，如 Photoshop、Sketch 等；<br>（3）能够将 UI 设计稿按照规范进行切图，生成符合设计需求的图像资源 | （1）培养严谨的 UI 设计习惯，注重 UI 设计规范和标准，以确保输出的 UI 设计满足设计需求和用户体验需求；<br>（2）提高团队协作能力，能够与开发团队有效沟通，确保切图输出的质量和准确性；<br>（3）增强对于设计细节和质量的把控能力，注重细节处理，打造高品质的 UI 设计输出 |

## 任务 "闽圈圈" App 登录界面切图输出

【任务描述】

　　在完成了"闽圈圈"App 的用户登录界面设计后，需要进行切图输出，以便开发人员将 UI 设计转化为可用于应用程序开发的图像资源。通过使用切图工具，将用户登录界面的各个元素导出为图像文件，并按照规范命名和整理，以便开发人员进行后续开发工作。

【任务准备】

　　切图在 UI 设计中扮演着至关重要的角色，也是 UI 设计中最后的成果交付环节。通过将 UI 设计稿中的各个元素，如按钮、图标、背景等，转换为开发所需的图像资源，切图确保了设计的一致性，优化了应用程序或网页的性能，适应不同设备和平台的显示要求，并且方便后续的维护和更新工作。因此，切图不仅为开发人员提供了可用的图像资源，而且对于保证整个 UI 设计项目的质量和持续发展具有重要意义。

　　在实际项目开发中，切图分为手动切图和自动切图两种方式。

　　（1）手动切图。使用图像编辑软件（如 Photoshop、Sketch 等）中的切片工具，将 UI 设计稿按照网页或应用程序的布局结构切分成多个图层，并根据不同设备尺寸规范输出不同的图像文件，如图 9-1-1 所示。由于手动切图效率较低，所以它在实际工作中基本被摒弃。

图 9-1-1

　　（2）智能切图。例如，可以使用 Cutterman 插件，它是一款运行在 Photoshop 中的插件，能够自动将需要的图层根据设定的规范进行输出，以替代传统的手动"导出 Web 所用格式"以及使用切片工具挨个切图的烦琐流程。Cutterman 支持各种各样的图片尺寸、格式、形态输出 Web、iOS、Android 等不同尺寸规范的图像，如图 9-1-2 所示。

图 9-1-2

无论是手动切图还是自动切图，最后都需要将文件根据常见的文件命名规范进行保存，通常遵循以下几个原则。

（1）清晰明了。文件名应该清晰明了，能够准确描述图像内容，避免使用含混不清的名称或者缩写名称。

（2）使用小写字母。建议使用小写字母命名文件，以确保命名的一致性和统一性，同时可避免在 Linux 服务器环境下调用错误。

（3）使用连字符或下划线分隔单词。在命名中可以使用连字符（-）或下划线（_）分隔单词，以使文件名更易读和易懂。

（4）避免使用特殊字符。避免在文件名中使用特殊字符，如空格、斜杠、反斜杠等，以免导致文件路径或者文件系统问题。

（5）添加适当的后缀。根据文件类型添加适当的后缀，如".png"".jpg"".svg"等，以便于开发人员识别文件格式。

（6）添加版本号或分辨率信息（可选）。如果有多个版本或不同分辨率的图像文件，可以在文件名中添加版本号或分辨率信息，以便区分。

例如，一个登录按钮的切图文件可以命名为"login-button.png"或"login_button.png"。这样的命名规范能够帮助开发人员准确地识别和使用切图文件，提高工作效率，见表 9-1-1。

表 9-1-1

| 元素类型 | 命名示例 | 说明 |
| --- | --- | --- |
| 标题 | title.png | 标题图片通常以 title 命名 |
| 文本内容 | text-content.png | 文本内容通常以 text-content 或 content 命名 |
| 图片轮播 | image-carousel.png | 图片轮播通常以 image-carousel 命名 |
| 轮播图片 | carousel-image.png | 轮播图片通常以 carousel-image 命名 |
| 列表项 | list-item.png | 列表项通常以 list-item 命名 |
| 多选框 | checkbox.png | 多选框通常以 checkbox 或 checkbox-group 命名 |
| 单选框 | radio-button.png | 单选框通常以 radio-button 或 radio-group 命名 |
| 下拉菜单 | dropdown-menu.png | 下拉菜单通常以 dropdown-menu 或 select 命名 |
| 弹出框 | modal.png | 弹出框通常以 modal 或 dialog 命名 |
| 图片按钮 | image-button.png | 图片按钮通常以 image-button 命名 |
| 导航按钮 | navigation-button.png | 导航按钮通常以 navigation-button 或 nav-button 命名 |

## 【任务实施】

步骤 1：关闭 Photoshop 后，双击运行 Cutterman 插件安装包，单击"安装"按钮，进行一键安装，将 Cutterman 插件安装至 Photoshop，图 9-1-3 所示。

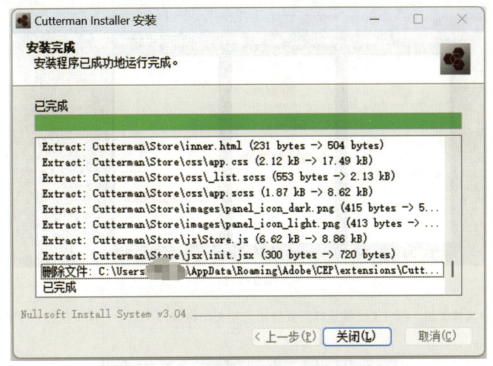

图 9-1-3

步骤 2：打开 Photoshop，选择"窗口"→"扩展（旧版）"→"Cutterman- 切图神器"选项，在右侧工具栏启动 Cutterman 插件，并根据后台开发需求选择需要导出的对应规格的切图文件和匹配的设备类型，如图 9-1-4 所示。

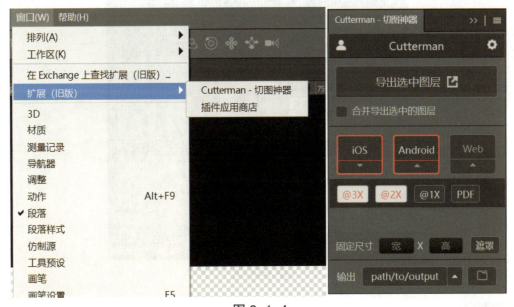

图 9-1-4

步骤 3：使用 Photoshop 打开"闽圈圈"App 用户登录界面 PSD 源文件，如图 9-1-5 所示。

iOS参考规格解释

199

图 9-1-5

步骤 4：选择图层。按住 Ctrl 键选择需要导出的相关图标和图层组（可同时选择多个画板），如图 9-1-6 所示。

图 9-1-6

**小贴士：**

如果涉及"矢量智能对象"图层，则需要提前将其更改为"栅格化图层"。

如果涉及文字图层，则建议初学者选择导出文字图层，在熟练掌握操作方法后无须导出文字图层。

步骤 5：在 Cutterman 插件面板中单击选择需要导出的 iOS 或 Android 系统规范尺寸类型，点击修改栏目，选择文件保存位置，单击"导出选中图层"按钮，开始导出内容，如图 9-1-7 所示。

图 9-1-7

步骤 6：打开自定义的文件输出位置，文件夹中自动生成 "android""ios" 两个项目切图后文件夹，各自保存着根据指定规范输出的不同的切图文件，如图 9-1-8 所示。

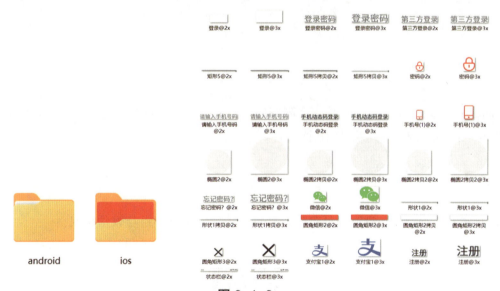

图 9-1-8

步骤 7：对完成自动切图的文件根据命名规范进行命名后移交开发人员并抄送产品经理。

## 【学习复盘】

（1）回顾学习内容，完成表 9-1-2。

表 9-1-2

| 元素类型 | 规范化命名 |
|---|---|
| 标题 | |

续表

| 元素类型 | 规范化命名 |
|---|---|
| 文本内容 | |
| 图片轮播 | |
| 轮播图片 | |
| 列表项 | |
| 多选框 | |
| 单选框 | |
| 下拉菜单 | |
| 弹出框 | |
| 图片按钮 | |
| 导航按钮 | |

（2）简述在 iOS 中将切图文件导出为"@1X""@2X""@3X"的区别。

## 【拓展练习】

在 Photoshop 中使用 Cutterman 插件为"闽圈圈"App 的其他界面进行切图，并按照规范命名，最后分别输出 iOS、Android 两种不同规格的切图文件。

## 【项目测评】

扫码打开多元化评价表，进行项目自检，评价主体由学生、小组与教师构成。

项目九测评